禽类症鉴别诊断及防治丛书

TU LEIZHENG
JIANBIE ZHENDUAN
JI FANGZHI

兔类症鉴别诊断及防治

赵朴　魏刚才　倪俊娟　主编

化学工业出版社
·北京·

图书在版编目（CIP）数据

兔类症鉴别诊断及防治/赵朴，魏刚才，倪俊娟主编．—北京：化学工业出版社，2018.1
（畜禽类症鉴别诊断及防治丛书）
ISBN 978-7-122-31052-1

Ⅰ.①兔…　Ⅱ.①赵…②魏…③倪…　Ⅲ.①兔病-鉴别诊断②兔病-防治　Ⅳ.①S858.291

中国版本图书馆CIP数据核字（2017）第288754号

责任编辑：邵桂林　　文字编辑：汲永臻
责任校对：边　涛　　装帧设计：张　辉

出版发行：化学工业出版社（北京市东城区青年湖南街13号　邮政编码100011）
印　　刷：大厂聚鑫印刷有限责任公司
装　　订：三河市宇新装订厂
850mm×1168mm　1/32　印张 9¼　字数177千字
2018年3月北京第1版第1次印刷

购书咨询：010-64518888（传真：010-64519686）　售后服务：010-64518899
网　　址：http://www.cip.com.cn
凡购买本书，如有缺损质量问题，本社销售中心负责调换。

定　　价：38.00元

编写人员名单

主　　编　赵　朴　魏刚才　倪俊娟

副 主 编　王雪玲　张军召　刘凤美　李　琰

编写人员　（按姓氏笔画排列）

王雪玲（济源市动物卫生监督所）

朱立功（滑县动物卫生监督所）

刘凤美（开封市畜产品质量监测检验中心）

杨　超（温县动物卫生监督所）

李　琰（济源市动物卫生监督所）

张军召（许昌县动物疫病预防控制中心）

赵　朴（河南科技学院）

倪俊娟（许昌市畜牧技术推广站）

雷志刚（长垣县畜牧局赵堤防疫检疫中心站）

樊永亮（温县动物卫生监督所）

魏刚才（河南科技学院）

随着畜牧业的规模化、集约化发展，畜禽的生产性能越来越高、饲养密度越来越大、环境应激因素越来越多，导致疾病的种类增加、发生频率提高、发病数量增加、危害更加严重，直接制约养兔业稳定发展和养殖效益提高。兔的疾病根据其发病原因可以分为传染病、寄生虫病、营养代谢病、中毒病和普通病。其中有些疾病具有明显的各自特有症状，但有些病也具有某些与其他疾病类似的症状，这些类似症状常给临床诊断带来困难，直接影响兔场疾病的控制效果。所以，规模化兔场对饲养管理人员和兽医工作人员的观念、知识、能力和技术水平提出了更高的要求，不仅要求能够有效地防控疾病，真正落实“防重于治”“养防并重”的疾病控制原则，减少群体疾病的发生，而且要求能够细心观察，找出类似症状的不同，及时确诊和治疗疾病，将疾病发生的危害降到最小。为此，我们组织了长期从事兔生产、科研和疾病防治的有关专家编写了《兔类症鉴别诊断及防治》

一书。

本书包括五章，重点介绍了90多种疾病的病因、临床症状、病理变化、防制措施，并特别在每种疾病中将有类似症状的疾病进行类症鉴别，列出其相似点和不同点，这就使读者比较容易做出正确的诊断并可有效地采取防治措施。

本书密切结合我国养兔业实际，既注意疾病的综合防制，减少疾病发生，又突出疾病的类症鉴别，便于及时正确诊断疾病，减少疾病的危害。全书注重系统性、科学性和实用性，内容重点突出，通俗易懂，不仅适合兔场兽医工作者阅读，也适合饲养管理人员阅读，还可作为大专院校、农村函授及培训班的辅助教材和参考书。

由于水平有限，书中可能会有不妥之处，敬请广大读者批评指正。

编者

第一章 兔传染病的类症鉴别与防治 …………… 1

一、兔病毒性出血症 …………………………………… 1
二、兔传染性口炎 ……………………………………… 7
三、兔痘 ……………………………………………… 10
四、兔的黏液瘤病 …………………………………… 15
五、仔兔轮状病毒性肠炎 …………………………… 18
六、兔多杀性巴氏杆菌病 …………………………… 22
七、兔结核菌病 ……………………………………… 34
八、兔伪结核病 ……………………………………… 39
九、兔波氏杆菌病 …………………………………… 45
十、兔大肠杆菌病 …………………………………… 50
十一、兔产气荚膜梭菌（A 型）病 ………………… 57
十二、兔沙门菌病 …………………………………… 69
十三、兔葡萄球菌病 ………………………………… 76
十四、野兔热（土拉杆菌病） ……………………… 85

十五、兔坏死杆菌病 …… 90
十六、兔链球菌病 …… 95
十七、泰泽病 …… 100
十八、兔李氏杆菌病 …… 106
十九、兔肺炎克雷伯菌病 …… 112
二十、兔肺炎球菌病 …… 118
二十一、兔铜绿假单胞菌病 …… 121
二十二、传染性鼻炎 …… 124
二十三、兔痢疾 …… 127
二十四、密螺旋体病（兔梅毒） …… 130
二十五、兔体表真菌病 …… 134

第二章 兔寄生虫病的类症鉴别与防治 …… 138

一、兔球虫病 …… 138
二、弓形虫病 …… 146
三、肝片吸虫病 …… 154
四、连续多头蚴病 …… 157
五、豆状囊尾蚴病 …… 160
六、兔的蛲虫病 …… 162
七、兔脑炎原虫病 …… 165
八、疥癣病 …… 167
九、兔虱病 …… 173

第三章 兔中毒病的类症鉴别与防治 …… 175

一、霉变饲料中毒 …… 175

二、亚硝酸盐中毒 …… 179
三、氢氰酸中毒 …… 181
四、食盐中毒 …… 183
五、兔棉籽饼中毒 …… 185
六、菜籽饼中毒 …… 187
七、马铃薯中毒 …… 189
八、有机磷农药中毒 …… 191
九、有机氯中毒 …… 194
十、灭鼠药中毒 …… 195
十一、有毒植物中毒 …… 199
十二、马杜霉素中毒 …… 201

第四章 兔的营养代谢病的类症鉴别及防治 …… 204

一、佝偻病和软骨症 …… 204
二、维生素A缺乏症 …… 206
三、维生素E缺乏症 …… 209
四、维生素B_1缺乏症 …… 211
五、吞食仔兔癖 …… 213
六、脱毛症 …… 214
七、妊娠毒血症 …… 215

第五章 兔普通病的类症鉴别与诊断 …… 217

一、乳腺炎 …… 217
二、无乳或少乳症 …… 220
三、生殖器炎症 …… 221

四、流产和死产 …………………………………… 225
五、产后瘫痪 ……………………………………… 229
六、子宫出血 ……………………………………… 229
七、不孕症 ………………………………………… 230
八、兔的膀胱炎 …………………………………… 231
九、尿路感染 ……………………………………… 232
十、口炎 …………………………………………… 232
十一、胃炎 ………………………………………… 234
十二、便秘 ………………………………………… 236
十三、积食 ………………………………………… 238
十四、胃肠炎 ……………………………………… 239
十五、肠源性毒血症 ……………………………… 244
十六、肠臌气 ……………………………………… 246
十七、毛球病 ……………………………………… 248
十八、消化不良 …………………………………… 250
十九、感冒 ………………………………………… 254
二十、支气管炎 …………………………………… 258
二十一、肺炎 ……………………………………… 260
二十二、肾炎 ……………………………………… 264
二十三、兔眼结膜炎 ……………………………… 267
二十四、中耳炎 …………………………………… 270
二十五、中暑 ……………………………………… 271
二十六、外伤 ……………………………………… 274
二十七、脓肿 ……………………………………… 276

附　录 ………………………………………… 279

一、兔的几种生理常数 ……………………… 279
二、兔病鉴别诊断 …………………………… 279
三、肉兔饲养允许使用的抗菌药、抗寄生虫药及使用规定 ……………………………… 282

参考文献 ………………………………………… 284

第一章 兔传染病的类症鉴别与防治

一、兔病毒性出血症

兔病毒性出血症俗称“兔瘟”，或称兔出血症，是由兔病毒性出血症病毒引起的一种急性、高度接触性传染病，特征为呼吸道出血、肝坏死、实质性脏器水肿、瘀血及出血性变化。本病是兔的一种烈性传染病，危害极大，曾造成数千万只兔死亡。

【病原】兔出血症病毒（RHDV），是一种正链RNA杯状病毒。病毒存在于病兔所有器官组织、体液、分泌物和排泄物中，以肝、脾、肺含量高。病毒对氯仿和乙醚不敏感，能耐pH值为3和50℃ 40分钟处理。病毒对紫外线和干燥等不良环境的抵抗力较强。1%氢氧化钠4小时、1%的漂白粉3小时、2%农乐1小时才被灭活。生石灰、草木灰对病毒几乎无作用。

【流行病学】一年四季均可发生，以春、秋、冬季发病较多，炎热夏季也有发病。本病只侵害兔，主要危害青年兔和成年兔，40日龄以下幼兔和部分老龄兔不易感，哺乳仔兔不发病。传染源是病死兔和带毒兔，它们不断向外界散毒，通过病兔、带毒兔的排泄物、分泌物以及死兔的内脏器官、血液、兔毛等污染饮水、饲料、用具、笼具、空气，引起易感兔发病流行。也可通过人、鼠、其他畜禽等机械性传播病毒。本病曾因收购兔毛及剪毛者的流动，将病原从一个地方带至另一个地方，引起本病的流行。在新疫区，本病的发病率和死亡率很高，易感兔几乎全部发病，绝大部分死亡，发病急，病程短，几天内几乎全群覆灭。目前，普遍重视本病的预防，发病率大为下降，但仍有发生，主要原因是忽视了使用优质疫苗及执行合理的免疫程序，或根本不进行预防注射。本病的潜伏期为30～48小时。

【临床症状】

1. 最急性型

常发生在新疫区。在流行初期，患病兔死前无任何明显症状，往往表现为突然蹦跳几下并惨叫几声即倒毙。死后角弓反张，少数兔鼻孔流出红色泡沫样液体，肛门松弛，周围有少量淡黄色黏液附着。

2. 急性型

病程一般12～48小时，患病兔精神委顿，不爱活动，食欲减退，喜饮水，呼吸迫促，体温达41℃。临死前表现为在笼中狂奔，常咬笼，倒地后四肢划动，抽搐或惨叫，很快死亡。少数死兔鼻孔流出少量泡沫状血液。

3. 亚急性型

多发于2月龄以内的幼兔，发病兔体严重消瘦，被毛焦枯无光泽，病程2～3天或更长，后死亡。

【病理变化】

感染后病毒先侵害肝脏，然后释放入血液，发生病毒血症，引起全身性损害，特别是引起急性弥散性血管凝血和大量的血栓形成。结果造成本病病程短促、死亡迅速和特征性的病理变化。病死兔剖检时肉眼可见全身实质器官瘀血、出血。气管软骨环瘀血，气管内有泡沫状血样液体；胸腺水肿，并有针帽至粟粒大小的出血点；肺部出血、瘀血、水肿，有大小不等的出血点；肝脏肿大，间质变宽，质地变脆，色泽变淡呈土黄色；胆囊充满稀薄胆汁；脾脏肿大、瘀血呈黑紫色；部分肾脏瘀血、出血，包膜下见有大量针头至针尖大小的出血点；部分十二指肠、空肠出血，肠腔内有黏液。

【诊断】肝脏含毒滴度最高，是病原鉴定最适合的器官。常规实验室诊断可用人O型红细胞进行血凝和血凝抑制试验。其他如免疫电子显微镜负染、夹心酶联免疫吸附试验和免疫组织学染色，均具有高度的特异性和敏感性。

【鉴别诊断】

1. 兔病毒性出血症（兔瘟）与巴氏杆菌病的鉴别诊断

［**相似点**］病毒性出血症和兔巴氏杆菌病均具有发病急、死亡快，实质器官出血和瘀血，呈现败血症变化等特点。

［**不同点**］巴氏杆菌病的病原是巴氏杆菌。可引起多

种动物发病，多呈散性流行，患兔年龄不限。而兔病毒性出血症只有家兔感染，其他动物不发病，多为暴发性，哺乳仔兔不发病。巴氏杆菌病无神经症状，鼻孔不见流血现象，肝脏也不肿大，间质不增宽，但有散在性或弥漫性灰白色坏死灶，肾脏也不肿大。而病毒性出血症的病兔出现神经症状，肺出血，鼻孔流血，肝脏瘀血、肿大，间质增宽。用巴氏杆菌病病料接种小白鼠可致死亡，红细胞凝集试验呈阴性反应。而兔病毒性出血症病料接种小白鼠不致死亡，肝脏病料红细胞凝集试验呈阳性反应，并可被抗病毒血清所抑制。

2. 兔病毒性出血症（兔瘟）与魏氏梭菌病的鉴别诊断

［**相似点**］兔病毒性出血症（兔瘟）与魏氏梭菌病均具有发病兔死亡快，胃黏膜脱落形成胃溃疡等特点。

［**不同点**］魏氏梭菌病的病原是魏氏梭菌，以水样腹泻为特征性变化，盲肠浆膜有鲜红色出血斑，实质器官不出血或瘀血；病毒性出血症以实质器官的出血或瘀血为特征，无水样腹泻。

3. 兔病毒性出血症（兔瘟）与野兔热的鉴别诊断

［**相似点**］兔病毒性出血症（兔瘟）与野兔热均是急性败血性传染病，均有肝、肾、脾瘀血、肿大等病理变化。

［**不同点**］野兔热的病原是土拉杆菌。病兔肝、肾、脾除肿大外，多发生粟粒状坏死，颈部和腋下淋巴结肿大，并有干酪样坏死灶。而病毒性出血症则无此病理变化。应用肝病料作红细胞凝集反应，魏氏梭菌性肠炎为阴性，而兔瘟为阳性。

4. 兔病毒性出血症（兔瘟）与氯苯胍中毒的鉴别

［**相似点**］兔病毒性出血症（兔瘟）与氯苯胍中毒均有呼吸迫促，有时有转圈、前冲，昏迷至死等症状。

［**不同点**］氯苯胍中毒是因长期服用氯苯胍或用量过大而中毒；麻痹，可视黏膜发绀；解剖检可见胃底充血，肠管蓝紫色；肝脏、肾脏瘀血。

【防制】

1. 预防措施

（1）加强管理　平时坚持自繁自养，认真执行兽医卫生防疫措施，定期消毒，禁止外人进入兔场，更不准兔及兔毛商贩进入兔舍购兔、剪毛。引进兔要隔离至少2周，确认无病后方可入群饲养。

（2）免疫接种　免疫接种能激发健康兔自身产生特异性抗体，对该病有可靠有效的抵抗力，使原来易感染的兔变为不易感染的兔。定期注射脏器组织灭活苗进行预防。每年免疫2次，剂量1毫升/只，注苗后7～10天产生免疫力，保护力可靠。60日龄以下幼兔主动免疫效果不确实，建议40日龄用2倍疫苗注射1次，60～65日龄加强免疫1次。种兔生产交配前2～3周对公兔和母兔分别免疫注射1次，由此避免妊娠母兔在妊娠期注射疫苗造成母兔流产等危害。

2. 发病后的措施

（1）将病兔与健康兔进行隔离，避开传染源，隔离饲养20～30天，确定健康无病后方可与原有兔群混合。

（2）搞好消毒卫生，切断传染途径。用5%的来苏尔水溶液或1%～2%农乐消毒剂对兔舍、兔笼、兔食槽等用具定期消毒，搞好兔场与兔场周围的环境卫生。也可用1%～2%农乐消毒剂或3%～5%氢氧化钠溶液喷洒消毒，防止疫情扩散传播，并保持兔舍的清洁。

（3）对未发病的健康兔进行疫苗接种工作。福尔马林灭活组织疫苗皮下注射，30日龄以上的兔每只注射1毫升，5～7天后即可产生免疫力。

（4）重病兔扑杀，尸体和病兔深埋。病、死兔污染的环境和用具彻底消毒。

（5）对已发病兔要及时隔离，并采用药物治疗。

处方1：①颈部皮下注射高免血清2毫升/千克体重，2次/天，连用2～3天；②肌内注射中药“田基黄”注射液或者“板蓝根注射液”等清热解毒药2～3毫升/只，1～2次/天（如果病兔几日不吃或体质虚弱，可沿耳静脉注射或腹腔缓慢注射低分子右旋糖酐或5%葡萄糖盐水20～50毫升/天，康复后1周要进行1次预防性注射，以增强兔的免疫功能）；③为了避免兔继发病原菌感染，饲料中添加中草药制剂，中药组成：党参80克，黄芪120克，黄芩80克，黄柏85克，板蓝根95克，防风110克，三七65克，当归75克，甘草65克，桂枝60克，茯苓60克，粉碎为粉末状，添加在饲料中，混合均匀，以上为100只（60日龄）兔的每日用量，可连用3～5天，每天1～2次，同时以上的数量也是断乳后的200只仔兔的1日用量，其用法与上述相同。

处方2：蟾酥或蟾壳，皮下埋植治疗慢性兔瘟。取黄豆大小蟾酥一粒，择兔耳避开血管，划破皮肤将蟾酥埋植于伤口中(用蟾壳剪碎，捏成比黄豆粒稍大的两个蟾壳团粒，同时埋植于两个兔耳中)，外粘胶布固定，5～10小时药粒被吸收，此处烧烂呈一黑洞，患兔渐愈。疗效达70%以上（治疗时间越早越好）。

二、兔传染性口炎

兔传染性口炎是一种以口腔黏膜水疱性炎症为特征的急性传染病。特征是舌、唇、口腔黏膜发炎，局部有糜烂、溃疡。唾液腺红肿。

【病原】弹状病毒科的水疱性口炎病毒，主要存在于病兔的水疱液、水疱皮及局部淋巴结内，在4℃时存活30天；－20℃时能长期存活；加热至60℃及在阳光的作用下，很快失去毒力。

【流行病学】本病多发生于春、秋两季，自然感染的主要途径是消化道。对兔口腔黏膜人工涂布感染，发病率达67%；肌内注射也可感染，潜伏期为5～7天。主要侵害1～3月龄的幼兔，最常见的是断奶后1～2周龄的仔兔，成年兔较少发生。健康兔食入被病兔口腔分泌物或坏死黏膜污染的饲料或水，即可感染。饲喂发霉饲料或存在口腔损伤等情况时，更易发病。本病不感染其他家畜。

【临床症状】本病潜伏期3～4天，发病初期兔的唇和口腔黏膜潮红、充血。继而出现粟粒至黄豆大小不等的水疱，部分外生殖器也有。水疱破溃后形成溃疡，易引起继发感染，伴有恶臭。口腔中流出多量液体，唇下、颌下、颈部、胸部及前爪兔毛潮湿、结块。下颌等局部皮肤潮湿、发红，毛易脱落。患病兔精神沉郁。因口腔炎症，吃草料时疼痛，多数减食或停食，常并发消化不良和腹泻，表现消瘦。常于病后2～10天死亡。

【病理变化】可见病兔唇、舌和口腔黏膜有糜烂和溃疡，咽和喉头部聚集有多量泡沫样唾液，唾液腺轻度肿大发红。胃内有少量黏稠液体和稀薄食物，酸度增高。肠黏膜尤其是小肠黏膜，有卡他性炎症。

【诊断】 可采取患病兔口腔中的水疱液、水疱皮以及唾液作为被检材料，进行鸡胚绒毛尿囊腔接种或用兔肾原代细胞、禽胚原代单层细胞等进行培养，观察鸡胚和细胞病变。血清中和试验和动物保护试验也是常用的方法之一。

【鉴别诊断】

1. 兔传染性口炎与兔坏死杆菌病的鉴别

［**相似点**］兔传染性口炎与兔坏死杆菌病均有传染性，出现唇、口腔黏膜、齿龈溃疡，流涎，恶臭，体温升高，消瘦等症状。

［**不同点**］兔坏死杆菌病的病原是坏死杆菌；面、头、颈、四肢关节、脚底等发生坏死性炎症；肝脏、脾脏、淋巴结涂片镜检可见坏死杆菌。而兔传染性口炎无这些病变。

2. 兔传染性口炎与兔痘的鉴别

［**相似点**］兔传染性口炎与兔痘均有传染性，发热（40～42℃），出现口黏膜水肿，坏死，流涎等症状。

［**不同点**］兔痘的病原为兔痘病毒，眼、鼻、被腹、阴囊皮肤出现红斑性疹，后成丘疹，中央凹陷，坏死结痂。还有眼睑炎、化脓性眼炎、角膜溃疡，羞明流泪。硬腭、齿龈发炎坏死。剖检可见肺脏、肝脏、脾脏、卵巢、子宫、睾丸均有白色结节。血清学交叉试验和牛痘苗交叉保护试验可确诊。

3. 兔传染性口炎与口炎的鉴别

［**相似点**］兔传染性口炎与口炎均有口腔黏膜潮红、水疱破后发生糜烂和溃疡、流涎等症状。

［**不同点**］口炎多因饲料粗硬或饮水有刺激性而发病，无传染性，能很快被治愈。

【防制】

1. 预防措施

① 加强饲养管理，不喂霉烂变质的饲料。笼壁平整，以防尖锐物损伤口腔黏膜。不引进病兔，春秋两季做好卫生防疫工作。

② 对健康兔可用磺胺二甲基嘧啶预防，每千克精料拌入5克，或0.1克/千克体重口服，每日1次，连用3～5天。

2. 发病后措施

① 发病后要立即隔离病兔，并加强饲养管理。兔舍、兔笼及用具等用20％火碱溶液、20％热草木灰水或0.5％过氧乙酸消毒。

② 药物治疗

处方1：①进行局部治疗，可用消毒防腐药液（2％硼酸溶液、2％明矾溶液、0.1％高锰酸钾溶液、1％盐水等）冲洗口腔，然后涂擦碘甘油。②磺胺二甲基嘧啶治疗，0.1克/千克体重口服，每日1次，连服数日，并用小苏打水作饮水（或用磺胺嘧啶钠注射液口腔喷注，用法及用量是助手一手抓兔颈背，一手托臀部，兔头侧向术者。术者手捏兔嘴，一手将含药液的注射器从兔口角处缓缓喷注。每兔用20％磺胺嘧啶钠1～1.5毫升，或10％磺胺嘧啶钠2～3毫升即可，用药1次，基本恢复正常，个别2次而获痊愈；或用甲紫溶液1小瓶、庆大霉素2支、明矾1.5克合用治疗。用注射器把庆大霉素注入紫药水瓶中，明矾磨碎后也兑入瓶中，混匀，待明矾化后就可以用。方法是用医用棉签蘸上溶液放到兔的嘴中涂抹，要全部涂到，包括颈部湿毛处。1天2次。轻者1次就会有明显好转，2次就可痊愈。重者4次就好；或阿托品每千克体重2毫升，病毒灵每千克体重1.5毫升，两者合并后作皮下注射，每天1次，2次即可治愈）。

*处方*2：桂林西瓜霜。发现有病兔时，立即进行口腔内喷药，每天早晚各1次，连用3～4天，效果良好。

*处方*3：枯矾50克，白蔹60克，大青叶60克，薄荷30克。将白蔹、大青叶、薄荷常规方法煎液500毫升，纱布过滤，弃掉药渣，然后将枯矾研末加入煎液中摇匀，装瓶备用。先用清水洗净病兔嘴部污垢，然后用注射器或洗耳球吸入药液，反复冲洗口腔，每只兔15～20毫升，每日2～3次，一般4～6次即愈。

*处方*4：金银花5克，连翘、地丁、板蓝根各3克，黄柏5克（五物银花汤），煎汤灌服。可以清热解毒，本方治疗兔口疮，传染性口炎有一定疗效。（勤奋主编．农村养兔．北京：科学普及出版社，1984）

*处方*5：大青叶10克，黄连5克，野菊花15克（大黄连菊汤），煎汤灌服。清热解毒，本方治疗兔传染性口炎有一定疗效。（王照福主编．养兔和兔病防治．北京：北京出版社，1991）

*处方*6：石膏9克，黄柏5克，硼砂、蛤粉、龙骨各3克，轻粉2克，冰片0.1克（口疮散），研细，用白矾水冲洗口腔后撒布。本方清热解毒，敛疮生肌，主治兔口疮、传染性口炎。（勤奋主编．农村养兔．北京：科学普及出版社，1984）

三、兔瘟

兔瘟是由兔瘟病毒引起的家兔的一种高度接触传染性、高度致病性传染病。其特征是鼻腔、结膜渗出液增

加和皮肤红疹。

【病原】兔痘病毒在抗原上与牛痘病毒很相近，但与野兔科的其他痘病毒，如兔黏液瘤病毒、兔纤维瘤病毒和野兔纤维瘤病毒相距较远。将美国株和荷兰株兔痘病毒与多株牛痘病毒作生物学特性比较，两株兔痘病毒实际上无法与某些神经型牛痘病毒毒株相区别。兔痘病毒和牛痘病毒之间的抗原关系很近，有人认为兔痘可能是牛痘病毒从实验室外逸所造成的，也有人认为兔痘病毒是一种独立的病毒，属痘病群的天花病毒亚群。

兔痘病毒易于在11～13日龄的鸡胚绒尿膜上繁殖，产生特殊的痘疱。主要的痘疱型是出血性的，但也有白色痘疱。兔痘病毒还可在来自很多动物的细胞培养中繁殖。根据引起的临床症状不同，兔痘病毒可分为痘疱型和非痘疱型。痘疱型兔痘病毒能凝集鸡红细胞，非痘疱型兔痘病毒则不能。病兔的肺、肝、脾、血、睾丸、卵巢、肾上腺、脑、尿液和胆汁中都含有病毒。

该病毒耐干燥和低温，但不耐湿热，对紫外线和碱敏感，常用消毒药可将其杀死。

【流行病学】兔痘只有家兔能自然感染发病，发病率没有年龄差异，但幼兔和妊娠母兔的死亡率最高，可达30%～70%。本病在兔群内传播极为迅速，有时甚至隔离并消除病兔仍不能防止本病在兔群中蔓延。患兔鼻、眼等分泌物含有大量病毒，主要经消化道、呼吸道、交配感染。此外，皮肤和黏膜的伤口直接接触含病毒的分泌物也容易感染。病毒从局部进入后很快引起全身感染。病兔康复后无带毒现象。康复兔可与易感兔安全交配，从康复兔可以繁殖无病兔群。兔痘病毒的来源和在两次流行期间的存在方式都不清楚。

【临床症状】最早出现的病例潜伏期2～9天，以后发生的病例平均2周。病毒最初感染鼻腔，在鼻黏膜内繁殖，后来则在呼吸道淋巴结、肺和脾中繁殖。在感染后2～3天通常出现发热反应，这时常看到有多量的鼻漏。另一个经常出现的早期症状是淋巴结、特别是腘淋巴结和腹股沟淋巴结肿大并变硬。扁桃体也肿大。有时淋巴结肿大是唯一的临床表现。

皮肤病变通常在感染后5天，即在出现淋巴结肿大后大约1天出现。开始是一种红斑性疹，后来发展为丘疹，中央凹陷坏死，相邻组织水肿、出血，最后丘疹干燥结痂，形成浅表的痂皮。病灶多在耳、唇、眼睑、腹部、背部、肛门和阴囊等处。口腔、鼻腔水肿、坏死，生殖器官周围水肿。有的神经系统受损，出现运动失调、痉挛、眼球震颤、肌肉麻痹。有时腹泻和流产。通常在感染后1～2周死亡。

眼睛损害是兔痘的典型症状，轻者是眼睑炎和流泪，严重者发生化脓性眼炎或弥漫性、溃疡性角膜炎，后来发展为角膜穿孔、虹膜炎和虹膜睫状体炎。有时眼睛变化是唯一的临床症状。

公兔常出现严重的睾丸炎，同时伴有阴囊广泛水肿，包皮和尿道也出现丘疹。母兔阴唇也出现同样变化。尿生殖道有广泛水肿，无论公兔或母兔都有可发生尿滞留。有时有神经症状出现，主要表现为运动失调、痉挛、眼球震颤，有些肌群发生麻痹。肛门和尿道括约肌也可发

生麻痹。

本病常并发支气管肺炎、喉炎、鼻炎和胃肠炎，怀孕母兔通常流产。

【病理变化】剖检时看到的最显著的大体变化是皮肤损害，严重程度从仅有少数局部丘疹到广泛坏死和出血的皮肤损害不等。丘疹可发生于身体任何部位，在口、上呼吸道、肝、脾和肺经常可看到。

皮下水肿及口和其他天然孔的水肿是兔痘的常见病变。口腔病变严重的兔剖检时尸体消瘦。胃肠道很少能看到特殊的病变，在腹膜和视网膜上可看到灶性丘疹。肝脏通常增大，呈黄色，整个实质有很多灰白色的结节，可看到小的灶性坏死区。胆囊也可有小结节。脾脏通常中度肿大，伴有灶性结节或小坏死区。肺部可布满小的灰白色结节，在病程长的病例可有灶性坏死区。睾丸、卵巢和子宫有时也发生灶性脓肿。严重病例，淋巴结、肾上腺、甲状腺、副甲状腺和心脏都有灶性损害。

非痘疱型兔痘病例，在口部可看到少数痘疱，剪毛时偶尔可发现皮肤损害。剖检时突出的大体变化是胸膜炎，肝脏灶性坏死，脾脏增大，睾丸水肿和出血。在肺和肾上腺可看到与痘疱型兔痘一样的大量白色小结节。

【诊断】根据临床症状和特征性的病理变化作出初步诊断。用荧光抗体法检查组织切片或压片，或通过对病的分离和鉴定可进一步证实诊断。病毒可以通过接种鸡胚的绒膜或通过接种白兔、小白鼠和其他动物的细胞培养来分离。

【鉴别诊断】

1. 兔痘与兔传染性口炎的鉴别

［**相似点**］兔痘与兔传染性口炎均有传染性，出现发热（40～42℃），口黏膜水肿，坏死，流涎等症状。

［**不同点**］兔传染性口炎的病原为水泡性病毒，流涎很多，下颌、颈部全湿，口腔黏膜出现水疱、脓疱和形成溃疡（症状和病变局限于口腔），皮肤不出现丘疹；兔痘眼、鼻、被腹、阴囊皮肤出现红斑性疹，后成丘疹，中央凹陷，坏死结痂。还有眼睑炎、化脓性眼炎、角膜溃疡，羞明流泪；硬腭、齿龈发炎坏死。

2. 兔痘与兔坏死杆菌病的鉴别

［**相似点**］兔痘与兔坏死杆菌病均有传染性，出现口腔黏膜坏死、流涎、体温升高等症状。

［**不同点**］兔坏死杆菌病的病原是坏死杆菌，以坏死为特征，面、头、颈、四肢关节、脚底等发生坏死性炎；肝脏、脾脏、淋巴结涂片镜检，可见坏死杆菌。兔痘腹股沟淋巴结显著肿大、变硬，皮肤出血性红斑，可发生于全身皮肤和身体任何部位。

3. 兔痘与口炎的鉴别

［**相似点**］兔痘与口炎均有口腔黏膜发炎、红肿、流涎等症状。

［**不同点**］口炎多因饲料粗硬或饮水有刺激性而发病，无传染性，皮肤无湿疹。

4. 兔痘与兔大肠杆菌性眼球炎的鉴别

［**相似点**］兔痘与兔大肠杆菌性眼球炎均有传染性，为化脓性眼炎。

［不同点］兔大肠杆菌性眼球炎的病原为大肠杆菌，眼前房储脓，眼球突出于眼眶外。常单侧失明。

【防制】

1. 预防措施

因为兔痘病毒的来源还未搞清楚，所以目前尚无有效的防治措施。隔离病兔在实践中的价值不大，严格消毒对控制本病极为重要。大型兔场（群）受到兔痘流行的威胁时可用牛痘苗作预防接种加以保护，是个很好的办法。

2. 发病后措施

处方 1：黄柏、黄芩、黄连等量，研末，每次 1 克，每天 2 次，温开水灌服。

处方 2：大蒜 1 头，去皮捣烂，加入香油少许，调成糊状，涂于患部，每天 3 次，数次可愈。

处方 3：蒲公英 20 克（干的 10 克），水煎灌服，每次 15 毫升，每天 3 次。

四、兔的黏液瘤病

兔的黏液瘤病是由黏液瘤病毒引起的一种高度接触性和高度致病性传染病，特征为全身皮肤，尤其是颜面部和天然孔、眼睑及耳根皮下发生黏液瘤性肿胀。

【病原】痘病毒科黏液瘤病毒（RMV）。本病毒包括几个不同的毒株，各毒株的毒力和抗原性互有差异。病毒抵抗力低于大多数痘病毒。不耐 pH4.6 以下的酸性环境。对热敏感，55℃ 10 分钟，60℃以上几分钟内灭活，但病变部皮肤中的病毒在常温下能活好几个月。对干燥抵抗力相当强。对福尔马林较敏感。对高锰酸钾、升汞和石炭酸有较强的抵抗力，0.5%～2%的甲醛溶液需要1小时才能灭活该病毒。

【流行病学】一年四季均可发生，但在蚊虫大量滋生的季节，发病死亡率可达100%。主要流行于澳大利亚、美洲、欧洲。自然条件下只感染家兔和野兔，病兔是主要的传染源。本病的主要传播方式是直接与病兔及其排泄物、分泌物接触或与被污染饲料、饮水和用具接触。蚊子、跳蚤、蚋、虱等吸血昆虫也是病毒传播者。

【临床症状】临床上身体各天然孔周围及面部皮下水肿是其特征。最急性时仅见到眼睑轻度水肿，1周内死亡。急性型症状较为明显，眼睑水肿，严重时上、下眼睑互相粘连；口、鼻孔周围和肛门、外生殖器也可见到炎症和水肿，并常见有黏液脓性鼻分泌物。耳朵皮下水肿可引起耳下垂。头部皮下水肿严重时呈狮子头状外观，故有“大头病”之称。病至后期可见皮肤出血，眼黏液脓性结膜炎，羞明流泪和出现耳根部水肿，最后全身皮肤变硬，出现部分肿块或弥漫性肿胀。死前常出现惊厥，但濒死前仍有食欲，病兔在1～2周内死亡。

【病理变化】最突出的病变为皮肤肿瘤和皮肤以及皮下显著水肿。尤其是颜面部和天然孔周围水肿严重。皮肤出血，脾肿大，淋巴结出血，心内外膜有出血点。胃肠道的黏膜下有瘀血点或瘀血斑。

【诊断】用细胞培养的方法分离病毒。病毒存在于病兔全身各处的体液和脏器中，尤以眼垢中和病变部的皮肤渗出液中含毒量最高，以其接种兔肾原代细胞和传代

细胞系，24～48 小时后可观察细胞病变。此外，也可取病变组织匀浆、冻融并经超声处理使细胞裂解，释放病毒粒子，用此病毒抗原做琼脂凝胶扩散试验。方法简便、快速，24 小时内可获得结果。

【鉴别诊断】

1. 兔的黏液瘤病与兔葡萄球菌病的鉴别

［**相似点**］兔的黏液瘤病与兔葡萄球菌病均有传染性，皮下发生、肿胀。

［**不同点**］兔葡萄球菌病的病原为兔葡萄球菌。头、背、颈、腿各部位皮下、肌肉形成肿胀，自行破溃或切开流出白色脓液，内脏也发生脓肿。兔的黏液瘤病颜面皮下和天然孔周围皮肤发生黏液瘤样肿胀，内脏不发生，只有兔科动物发病。

2. 兔的黏液瘤病与野兔热的鉴别

［**相似点**］兔的黏液瘤病与野兔热均有传染性，体温升高1～1.5℃。

［**不同点**］野兔热的病原为土拉杆菌。体表淋巴结（颌下、颈下、腋下和腹股沟）肿胀、化脓，有腹泻。内脏有针尖大至粟粒大坏死灶。兔的黏液瘤病颜面皮下和天然孔周围皮肤发生黏液瘤样肿胀。

3. 兔的黏液瘤病与脓肿的鉴别

［**相似点**］兔的黏液瘤病与脓肿均有皮下肿胀。

［**不同点**］脓肿无传染性，针刺流出脓液，不出现黏液。

4. 兔的黏液瘤病与睾丸炎的鉴别

［**相似点**］兔的黏液瘤病与睾丸炎均有睾丸肿胀，

热痛。

[**不同点**] 睾丸炎无传染性，皮肤、皮下不出现肿胀。

【防制】

1. 预防措施

（1）加强饲养管理　消灭吸血昆虫；病兔和可疑兔应隔离饲养，待完全康复后再解除隔离。兔笼、用具及场所必须彻底消毒；应严禁从有本病的国家进口兔和未经消毒、检疫的兔产品，以防本病传入。

（2）免疫接种　用兔纤维瘤活疫苗及弱毒黏液瘤活疫苗进行免疫注射预防。

2. 发病后措施

发现本病时，应严格隔离、封锁、消毒，并用杀虫剂喷洒，控制疾病扩散流行。

处方 1：口服病毒灵治疗，每日 3 次，每次 0.1 克/千克体重，连服 7 天。

处方 2：烟丝 30 克，槟榔 30 克，牡蛎、白芷各 15 克，姜汁、面粉适量。烟丝和槟榔共炒焦研末，白芷研末，牡蛎煅研，然后研和，以姜汁加面粉少许调如糊状，敷于患处，每天更换 1 次。

处方 3：黄柏、五倍子各等份，花椒油适量（花椒油制法：香油 25 毫升，放花椒 6～7 粒，炸焦，去掉花椒，即得花椒油）。研细末，花椒油调敷患处，每天 2 次。

五、仔兔轮状病毒性肠炎

仔兔轮状病毒性肠炎是由轮状病毒引起的肠道传染病，以腹泻为特征。

【病原】 轮状病毒属呼肠孤科轮状病毒属，病毒颗粒呈圆形。

【流行病学】 传染途径主要在消化道。主要发生于2～6周龄仔幼兔，尤以4～6周龄最易感，发病率、病死率均高。成年兔常呈隐性而带毒。新病区突然暴发，迅速传播，兔群一旦发生本病，即连年不断发生，不易根除。春秋气候多变、营养状况不佳时多发。

【临床症状】 潜伏期18～96小时。

1. 仔幼兔

减食或废食，昏睡，排半流质或水样稀粪。随着病程的延长，粪便呈蛋花汤样白色、棕色、灰色或浅绿色，有恶臭。会阴及后肢被粪污，体温不高，多数于下痢后3天左右死亡，病死率可达40%。

2. 青年、成年兔

多不呈现症状，仅少数呈短暂食欲不振和排软粪。

【病理变化】 小肠壁明显充血、膨胀，结肠瘀血，盲肠扩张，肠腔内有大量液体，某些肠段水肿。病程较长者，有眼球下陷等脱水现象。

【鉴别诊断】

1. 仔兔轮状病毒性肠炎与消化不良的鉴别

［**相似点**］仔兔轮状病毒性肠炎与消化不良均有精神不振，排粥样或水样稀粪便等症状。

［**不同点**］消化不良多因饲料不佳，低温潮湿而发病，无传染性。有异嗜，粪中有未消化的食物，无恶臭，有较轻的腹痛和腹胀。仔兔轮状病毒性肠炎有传染性，剖检可见小肠充血，结肠瘀血，盲肠扩张，有大量液体。

取病死兔小肠后段内容物磨碎作1∶4稀释，经高速离心取上清液过滤，以滤液接种兔肾原代上皮细胞进行病毒分离。以病料悬液超速离心，将其沉淀物经染色后电镜镜检，可发现轮状病毒。

2. 仔兔轮状病毒性肠炎与胃肠炎的鉴别

［**相似点**］仔兔轮状病毒性肠炎与胃肠炎均有精神不振，废食，排粥样或水样粪便，有恶臭等症状。

［**不同点**］胃肠炎因吃不洁净饲料、饮水或受冻而病。无传染性。肠音高，粪中常含黏液、气泡。尿乳白色，酸性。

3. 仔兔轮状病毒性肠炎与泰泽病的鉴别

［**相似点**］仔兔轮状病毒性肠炎与泰泽病均有传染性，沉郁，废食，排褐色粥样或水样粪便，肛周、后肢粪污。剖检可见盲肠扩张，内有大量液体内容物。

［**不同点**］泰泽病的病原为毛发样芽孢杆菌。发病急，12～48小时死亡。剖检可见回肠末端、盲肠、结肠前段黏膜充血、出血，蚓突和圆小囊变硬有小结节，盲肠黏膜粗糙。肝脏肿大、质脆，有灰黄色坏死灶。病区病料涂片染色镜检，可见毛发样芽孢杆菌。

4. 仔兔轮状病毒性肠炎与兔大肠杆菌病的鉴别

［**相似点**］仔兔轮状病毒性肠炎与兔大肠杆菌病均有传染性，沉郁，废食，排粥样、水样粪便，后肢粪污。

［**不同点**］兔大肠杆菌病的病原为大肠杆菌。急性流涎，亚急性还排半透明胶冻样黏液。剖检可见胃充满气体，小肠、盲肠充满胶冻样黏液和气体。用标准血清做凝集试验，可确定血清型。

5. 仔兔轮状病毒性肠炎与肺炎克雷伯菌病的鉴别

［**相似点**］仔兔轮状病毒性肠炎与肺炎克雷伯菌病均有传染性，沉郁，废食，排糊状或水样粪便，发病 1～2 天死亡，剖检可见大小肠充满气体。

［**不同点**］肺炎克雷伯菌病的病原为肺炎克雷伯菌。打喷嚏、流鼻液；稀粪黑色，孕兔流产。剖检可见气管充满泡沫性液体，肺脏充血、出血，大理石样，胸腔有血样液；盲肠有黑褐色稀粪。通过细菌分离鉴定。

6. 仔兔轮状病毒性肠炎与兔铜绿假单胞菌病的鉴别

［**相似点**］仔兔轮状病毒性肠炎与兔铜绿假单胞菌病均有传染性，绝食，高度沉郁，突然腹泻，24 小时左右死亡，剖检可见胃肠有血色液体，脾脏肿大，樱桃红色，肺脏点状出血，肝变，有淡绿色或褐色脓液。

［**不同点**］细菌培养分离，做生化试验可确诊。

【防制】

1. 预防措施

不要从疫区引进兔，必须引进时要严格检疫，并隔离观察。发现本病立刻隔离、消毒，死兔或排泄物一律深埋或焚毁。有条件的单位可自制灭活苗免疫母兔，保护仔兔。

2. 发病后措施

① 轮状高免血清。

② 通过补液保持体液平衡。用 ORS 液（氯化钠 3.5 克、碳酸氢钠 2.5 克、氯化钾 1.5 克、葡萄糖 30 克、常水 1000 毫升）给兔饮用。

六、兔多杀性巴氏杆菌病

兔多杀性巴氏杆菌病（兔出血性败血症）是兔的一种常见的、危害性很大的传染病。据资料统计，巴氏杆菌病是引起9周龄至6月龄的兔死亡的主要原因。

【病原】多杀性巴氏杆菌为革兰阴性、无芽孢的短杆菌，无鞭毛，瑞氏染色法染色呈两极着染。多杀性巴氏杆菌需氧或兼性厌氧，最适生长温度为37℃，最适pH 7.2～7.4。在加有血清或血液的培养基上生长良好，在血清琼脂平板培养基上生长出露滴状小菌落。兔通常能分离到A型和D型。猪、禽巴氏杆菌对兔也有很强的毒力。本菌对外界环境因素的抵抗力不强，一般常用消毒药都能杀死。1%福尔马林、1%石炭酸、1%漂白粉、0.1%升汞等溶液，经15分钟即能杀死。加热至56℃经15分钟死亡，加热至60℃经10分钟死亡。在粪便中能生存1个月左右，在尸体内能生存3个月。对氯霉素、四环素和甲枫霉素敏感，对磺胺类、尤其是磺胺增效剂（TMP）次之。

【流行病学】病兔的分泌物、排泄物（如唾液、鼻液、粪、尿等）带病原菌，通过呼吸道、消化道和皮肤、黏膜的伤口等传染给健康兔。一般情况下，病原菌寄生在兔鼻腔黏膜和扁桃体内，成为带菌者，出现应激时，如过分拥挤、通风不良、空气污浊、长途运输、气候突变等或在其他致病菌的协同作用下，机体抵抗力下降，细菌毒力增强，容易发生本病。各种年龄、品种的兔都易感染，尤以2～6月龄兔发病率和死亡率较高。本病一

年四季均可发生，但以冬春最为多见，常呈散发或地方性流行。当暴发流行时，若不及时采取措施，常会导致全群覆没。本病的潜伏期长短不一，一般从几小时至数天不等，主要取决于兔的抵抗力、细菌的毒力和感染数量以及入侵部位等。

【临床症状】 可分为急性型、亚急性型和慢性型三种。

1. 急性型（也称出血性败血症）

发病最急，病兔呈全身出血性败血症症状，病兔精神委顿，对外界刺激不生反应，停食，呼吸急促，体温升高至40℃以上，鼻腔流出浆液或黏液性分泌物，有时发生下痢。临死前体温下降，四肢抽搐。病程短者24小时内死亡，较长者1～3天死亡。在流行开始时，常有不见颤状而突然倒毙的情况。

2. 亚急性型（也称地方性肺炎）

自然发病时，很少能见到肺炎的临床症状。由于家兔运动的机会不多，即使大部分肺实质发生突变，也难以见到呼吸困难的表现。最初表现食欲不振和精神沉郁，常以败血病告终。往往在晚上检查时还健康如常，而次晨已经死亡了。

3. 慢性型

慢性型症状依细菌侵入的部位不同可表现为鼻炎、中耳炎、结膜炎、生殖器官炎症和局部皮下脓肿。

（1）传染性鼻炎型　这是养兔场经常发生的一种病型。一般传播很慢，但常成为本病疫源，使兔群不断发生。病初表现为上呼吸道卡他性炎症，流出浆液性鼻涕，以后转为黏性以至脓性鼻漏。病兔经常打喷嚏、咳嗽。由于分泌物刺激鼻黏膜，兔常用前爪抓擦鼻部，使鼻孔周围的被毛潮湿、缠结，甚至脱落，上唇和鼻孔皮肤红肿、发炎。经过一段时间后，鼻涕变得更多、更稠，在鼻周围形成结痂，堵塞鼻孔，使呼吸更加困难，并有鼾声。通过喷嚏、咳嗽，病原菌经空气再感染其他兔。由于病兔经常抓擦鼻部，可将病菌带到眼内，因而引起化脓性结膜炎、角膜炎、中耳炎、皮下脓肿、乳腺炎等并发症。病兔最后常因精神委顿，营养不良，衰竭而死亡。

（2）中耳炎（又称斜颈病） 单纯的中耳炎可以不出现临床症状。在能认出的病例中，斜颈是主要临床症状。斜颈是感染扩散到内耳或脑部的结果，而不是单纯中耳炎的症状。斜颈的程度取决于感染的范围。严重的病例，兔向一侧滚转，一直倾斜到抵住围栏为止。病兔不能吃饱喝够，体重减轻，可出现脱水现象。如感染扩散到脑膜和脑组织，则可出现运动失调和其他神经症状。

（3）生殖器官感染型 兔的生殖器官感染包括母兔的子宫炎和子宫积脓，以及公兔的睾丸炎和附睾炎，从患病器官能分离到巴氏杆菌的纯培养物。此病主要发生于成年兔（包括刚成年的兔）。母兔发病率高于公兔。交配是主要的传染途径，但败血型和传染性鼻炎型的病兔，细菌也可能转移到生殖器官，引起发病。急性和亚急性感染很少看到临床症状，但母兔的阴道可能有浆液性黏液或黏液脓性分泌物流出。如转为败血病，则往往造成死亡。慢性感染通常没有明显的临床症状。但母兔在交

配后、甚至在几次交配后仍不怀孕，并可能有黏液脓性的分泌物从阴道排出。

公兔主要表现一侧或两侧睾丸肿大，质地坚实，有些病例伴有隘肿，同时受胎率降低，由它交配的母兔的阴道可能有排出物流出，或发生急性死亡。症状表现常从附睾开始。

（4）结膜炎　由巴氏杆菌引起的结膜炎很常见，幼兔和成年兔均可发病，以幼兔更为多见。细菌可能从鼻泪管进入结膜囊。临床症状主要表现为眼睑中度肿胀，有多量分泌物（从浆液性至黏液，最后是黏液脓性），常将眼睑粘住，结膜发红。炎症可转为慢性，肿消退，但流泪经久不止。

【病理变化】不同型的巴氏杆菌病其病变表现也不相同。

1. 急性败血型

剖检可见鼻黏膜充血，鼻腔有许多黏性、脓性分泌物。喉黏膜和气管黏膜充血、出血。气管有多量红色泡沫。肺严重充血、出血，常呈水肿。心内外膜，有出血斑点状或条纹状，整个心脏外观发黑。肝脏变性出血，并有许多坏死小点。脾、淋巴结肿大和出血。肠道黏膜充血和出血。胸腔和腹腔均有淡黄色积液。

2. 肺炎型

肺炎型的病理变化根据病程长短和病的严重程度不同，大体变化有相当大的差异。通常呈急性纤维素性肺炎和胸膜炎变化。病变可发生于肺的任何部位，但以肺的前下方最为常见。大体变化多为实变、膨胀不全、脓肿和灰白色小结节病灶。开始时呈急性病程反应，表现为实变。肺实变区内可能有出血。胸膜面可能有纤维素覆盖。消散时肺膨胀不全变得明显。如果肺炎严重，则可能有脓肿存在，脓肿为纤维组织所包围。形成脓腔或整个肺小叶发生空洞是慢性病程最后阶段常发生的现象。此外，包膜常为纤维素覆盖。

3. 鼻炎型

剖检可见鼻腔内积有多量鼻漏，其性质因病程长短而不同。当病从急性转向慢性时，鼻漏由浆液性变为黏性、黏液脓性。鼻腔黏膜充血，鼻窦和副鼻窦黏膜红肿或水肿，积有多量分泌物。慢性阶段，黏膜有中度的水肿、增厚。急性阶段可见有黏膜充血和黏膜下水肿，黏膜下层有巨噬细胞。亚急性至慢性阶段，黏膜上皮可能含有很多杯状细胞，有些区域可能发生糜烂。

4. 中耳炎型

病变主要是一侧或两侧鼓室内有一种奶油状的白色渗出物。病的早期鼓膜和鼓室内壁变红。鼓室外内壁上皮可能含有许多杯状细胞，黏膜下层有淋巴细胞和浆细胞浸润。有时鼓膜破裂，脓性渗出物流出外耳道。中耳或内耳感染如扩散到脑，可出现化脓性脑膜脑炎的变化。

5. 生殖器官感染型

本病母兔的一侧或两侧子宫扩张。急性感染时，子宫仅轻度扩张，腔内有灰色的水样渗出物。慢性感染时，高度扩张，子宫壁变薄，呈淡黄褐色，子宫腔内充满黏稠的脓性渗出物，常附着在子宫内膜上。显微变化是子宫内膜上皮发生溃疡，黏膜固有层有多形的细胞浸润。

慢性感染还可见子宫病变，肉眼可见有大小不等的化脓病灶。

6. 结膜炎型

病兔眼睑中度肿胀，有多量分泌物（从浆液性至黏性，最后是黏液脓性），常将眼睑粘住。结膜发红。炎症可转为隆起，红肿消退，但流泪经久不止。

【诊断】根据临床症状和病理变化初步诊断，确诊需要从病变部位取样作细菌分离培养，血清学的方法则有ELISA法、琼脂扩散试验等也可确诊。

【鉴别诊断】

1. 兔多杀性巴氏杆菌病（急性型）与兔李氏杆菌病鉴别

［**相似点**］多杀性巴氏杆菌病与兔李氏杆菌病均有传染性，出现体温升高至40℃以上，精神委顿，流黏液性鼻液，停食，结膜炎，孕兔流产，阴户流脓性分泌物，死亡快等临床表现以及败血型病理变化。

［**不同点**］兔李氏杆菌病的病原是李氏杆菌。死于李氏杆菌病的家兔，剖检见肾、脾和心肌有散在的针尖大、淡黄色或灰白色的坏死灶，胸、腹腔有多量清澈的渗出液。而多杀性巴氏杆菌病（急性型）病兔剖检可见鼻黏膜充血，鼻腔有许多黏性、脓性分泌物；喉黏膜、气管黏膜、肺充血、出血，气管有多量红色泡沫；心内外膜有出血斑点状或条纹状，整个心脏外观发黑；肠道黏膜充血和出血；胸腔和腹腔均有淡黄色积液。兔李氏杆菌病的病料涂片经革兰染色镜检为革兰阳性多形态杆菌，在鲜血琼脂培养基上培养呈溶血，而巴氏杆菌无溶血

现象。

2. 兔多杀性巴氏杆菌病（鼻炎型）与兔波氏杆菌病鉴别

［**相似点**］多杀性巴氏杆菌病（鼻炎型）与兔波氏杆菌病均有传染性，冬春多发，病原菌为革兰阴性、两极染色。出现鼻炎，流浆液性黏液性鼻液；肺炎型打喷嚏，呼吸困难以及胸腔有积液等病理变化。

［**不同点**］兔波氏杆菌病（兔支气管败血波氏杆菌病）是由支气管败血波氏杆菌引起兔的一种常见的呼吸道感染传染病；多表现为鼻炎、鼻黏膜充血，流出多量不同的浆液或黏性鼻液，通常不见脓液；鼻腔、气管黏膜充血、水肿。而多杀性巴氏杆菌病病初表现为上呼吸道卡他性炎症，流出浆液性鼻涕，以后转为黏性以至脓性鼻液，兔常用前爪抓擦鼻部，使鼻孔周围的被毛潮湿、缠结，甚至脱落，上唇和鼻孔皮肤红肿、发炎。取鼻腔分泌物涂片，染色镜检，兔波氏杆菌病可见革兰阴性、多形态小杆菌；而多杀性巴氏杆菌为大小一致的卵圆形的小球杆菌。将病料接种于改良麦康凯培养基上，兔波氏杆菌病形成不透明、灰白色、不发酵葡萄糖的菌落，而多杀性巴氏杆菌在此培养基上不能生长。

3. 兔多杀性巴氏杆菌病与兔瘟的鉴别

［**相似点**］兔巴氏杆菌病与病毒性出血症均具有发病急、死亡快，体温升高（41～42℃），实质器官出血和瘀血，呈现败血症变化以及死前体温下降，呼吸迫促，四肢抽搐等特点。

［**不同点**］兔病毒性出血症（俗称“兔瘟”）是由兔

病毒性出血症病毒引起的兔的一种急性、高度接触性传染病，只有家兔感染，其他动物不发病，多为暴发性，兔瘟以成年兔发病较多，幼兔和仔兔很少发病，哺乳仔兔不发病。而巴氏杆菌病可引起多种动物发病，多呈散性流行，患兔年龄不限。兔病毒性出血症病兔出现神经症状，病变主要见于气管和肺脏有大量含有血液或血色泡沫样液体，鼻腔、气管、肺有小点状或弥漫性出血，气管充满大量的泡沫状液体，有时全肺出血。而巴氏杆菌病无神经症状，鼻孔不见流血现象，肝脏也不肿大，间质不增宽，但有散在性或弥漫性灰白色坏死灶，肾脏也不肿大。兔病毒性出血症病料接种小白鼠不致死亡，肝脏病料红细胞凝集试验呈阳性反应，并可被抗病毒血清所抑制；而用巴氏杆菌病病料接种小白鼠可致死亡，红细胞凝集试验呈阴性反应。

4. 兔多杀性巴氏杆菌病与野兔热鉴别

［**相似点**］多杀性巴氏杆菌病（急性型）与野兔热均有发病急、死亡快，有鼻液等临床表现以及败血症病变。

［**不同点**］野兔热的病原是土拉杆菌。本病常呈地方性流行，多发生于春末夏初啮齿动物与吸血昆虫繁殖滋生的季节，急性病例多无明显症状而呈败血症死亡，多数病例病程较长，机体消瘦、衰竭，颌下、颈下、腋下和腹股沟淋巴结肿大、质硬，有鼻液，体温升高。而兔巴氏杆菌病一年四季均可发生，但以冬春最为多见，常呈散发或地方性流行。兔巴氏杆菌病病兔精神委顿，对外界刺激不生反应，停食，呼吸急促，体温升高至40℃以上，鼻腔流出浆液或黏液性分泌物，有时发生下痢，

临死前体温下降，四肢抽搐。对野兔热死亡兔剖检见淋巴结显著肿大，呈深红色并有针头大的灰白色干酪样坏死病灶；脾脏肿大，呈深红色，表面和切面有粟粒至豌豆大的灰白色或乳白色坏死病灶；肝肿大，有散发性针尖至粟粒大的坏死结节；肾脏和骨髓也有坏死病灶。而兔巴氏杆菌病肝脏心内外膜有出血斑点状或条纹状，整个心脏外观发黑；肝脏变性出血，并有许多坏死小点。以病料涂片经革兰染色镜检，野兔热为革兰阴性的多形态杆菌，呈球状或长丝状，而多杀性巴氏杆菌为大小一致的卵圆形的小球杆菌。

5. 兔多杀性巴氏杆菌病与兔结核菌病的鉴别

［**相似点**］兔多杀性巴氏杆菌病与兔结核菌病均有传染性，体温升高，呼吸急促、困难，腹泻，结膜炎。

［**不同点**］兔结核的病原为结核杆菌。革兰阳性，菌体细长，病程慢，厌食，消瘦，喘气，咳嗽，黏膜苍白。肘、膝、跗关节肿大、变形。剖检可见肺脏、肝脏、肾脏、肋膜、心包、支气管淋巴结、肠系膜淋巴结发生中心干酪样由纤维素级包裹的结核结节。新鲜结核涂片、染色、镜检，可见结核杆菌。

6. 兔多杀性巴氏杆菌病与兔肺炎克雷伯菌病的鉴别

［**相似点**］兔多杀性巴氏杆菌病与兔肺炎克雷伯菌病均有传染性，沉郁，废食，呼吸迫促，流浆液性鼻液，打喷嚏，有时腹泻，很快死亡（1～2 天）。剖检可见肺脏充血、出血，胸腔积液，肝脏有小坏死点。

［**不同点**］兔肺炎克雷伯菌病的病原为肺炎克雷伯菌。腹胀，排黑色稀粪；仔兔剧烈腹泻。剖检可见肺脏

呈大理石状，胃多膨满，大小肠充满气体，盲肠、胃内容物黑褐色，个别皮下、肌肉、肺部有脓肿。通过细菌分离鉴别。

7. 兔多杀性巴氏杆菌病与兔弓形虫病的鉴别

［**相似点**］兔多杀性巴氏杆菌病与兔弓形虫病均有传染性。体温高（40℃以上），呼吸迫促，鼻、眼流黏液性脓性分泌物，共济失调。剖检可见肝脏有坏死点，肠黏膜充血、出血，淋巴结肿大，胸腹腔积液。

［**不同点**］兔弓形虫病的病原为弓形虫。急性，仔兔多发生，嗜睡，几天内出现局部或全身运动失调。慢性，常见于幼龄兔，逐渐消瘦、贫血。后躯麻痹。剖检：急性，可见心脏、肺脏、肝脏、脾脏、淋巴结有坏死点，肌肉有纺锤形坏死灶，肠黏膜有扁豆粒大溃疡；慢性，可见脾脏、肝脏有粟粒大结节，用间接血凝法呈阳性反应。

8. 兔多杀性巴氏杆菌病与兔肺炎球菌病的鉴别

［**相似点**］兔多杀性巴氏杆菌病与兔肺炎球菌病均有传染性。体温高，流黏液性脓性鼻液，咳嗽。剖检可见气管充血、出血，有红色泡沫，肺脏充血、出血，有脓肿，心包、胸膜有纤维素沉着。

［**不同点**］兔肺炎球菌病病原为肺炎链球菌。剖检可见气管有纤维素渗出物。肝脏肿大，脂肪变性。子宫、阴道黏膜出血。病变涂片镜检，有两个矛状的革兰阳性球菌相连。

9. 兔多杀性巴氏杆菌病与兔链球菌病的鉴别

［**相似点**］兔多杀性巴氏杆菌病与兔链球菌病均有传

染性。沉郁，废食，体温升高，流鼻液，有时下痢，也有发生中耳炎的，斜颈，共济失调。最急性不显症状即突然死亡。剖检可见心外膜出血，肠黏膜充血、出血，胸膜炎。

［**不同点**］兔链球菌病的病原为链球菌。剖检皮下组织可见出血性浆液浸润。肝脏、肾脏脂肪变性，肺脏暗红至灰白色。病变组织涂片染色镜检，可见革兰阳性短链状球菌。

10. 兔多杀性巴氏杆菌病与传染性鼻炎的鉴别

［**相似点**］兔多杀性巴氏杆菌病与传染性鼻炎均有传染性。流浆液性、黏液性、黏液性脓性鼻液，打喷嚏，鼻孔堵塞，有鼾声。

［**不同点**］传染性鼻炎系多种常在的致病性微生物在不良环境下引发的慢性传染病，不会出现急性死亡。

11. 兔多杀性巴氏杆菌病与睾丸炎或睾丸贮脓的鉴别

［**相似点**］兔多杀性巴氏杆菌病与睾丸炎或睾丸储脓均有睾丸发炎、子宫储脓（阴户流脓性分泌物）症状。

［**不同点**］睾丸炎或睾丸储脓无传染性，不流鼻液，不出现并发结膜炎、下痢、体温升高等全身症状。

【防制】

1. 预防措施

① 建立无多杀性巴氏杆菌兔群是防治本病的最好的方法。这种兔群是起初通过选择无鼻炎临床症状并经常对鼻腔进行细菌学检查，选留无多杀性巴氏杆菌的种兔建立起来的。为了选择无多杀性巴氏杆菌种兔和鉴定无病兔群，近年来有的国家采用对多杀性巴氏杆菌有特异

性的间接荧光抗体对鼻拭子的多杀性巴氏杆菌和兔血清中的抗体进行筛选。有条件的兔场用剖腹取胎，或自然分娩后，立即将仔兔隔离进行人工喂养的方法建立无特定病原体（SPF）兔群则更为理想。

② 兔场应自繁自养，严禁随便引进兔子。新引进的兔子，必须隔离观察至少2周，并须进行细菌学检查和血清学检查，健康者方可引进兔场。注意环境卫生，加强消毒措施。兔场应与其他养殖场分开，严禁其他畜、禽进入，杜绝病原的传播。

③ 对兔群必须经常进行临床检查，将流鼻涕、打喷嚏、鼻毛潮乱的兔子及时检出，隔离饲养，观察、治疗以及淘汰慢性病例。

④ 兔群每年用兔巴氏杆菌灭活疫苗，或兔巴氏杆菌和兔波氏杆菌油佐剂二联灭活苗，或兔病毒性出血症和兔巴氏杆菌二联灭活苗预防接种，发生疫情时也可用于未感染兔紧急预防注射。

⑤ 除正常饲草供应外还应春天加喂茵陈、蒲公英、败酱草、蛇床子、车前草、鱼腥草等鲜草；夏秋季节加喂金银花、野菊花、大青叶、桑叶、马鞭草、青蒿等。平常可加喂大蒜、洋葱、韭菜等任意一种，都有很好的预防作用。

2. 发病后措施

（1）隔离或淘汰　将发病兔尽快隔离或淘汰，兔舍及用具用3%的来苏尔或2%的火碱消毒。

（2）血清疗法　特殊情况下（对急性病例）皮下注射抗出败多价血清6毫克/千克，8～10小时重复注射

1次。

（3）药物治疗（必要时最好进行药敏试验，选择敏感药物治疗）

处方1：青霉素、链霉素各10万单位，肌内注射，每天2次，连用3～5天（或庆大霉素、氟苯尼考、四环素等）。

处方2：磺胺嘧啶或磺胺甲基嘧啶，100～200毫克/千克体重，配合等量的小苏打片口服，每天2次，连用5～7天（或喹乙醇，兔30毫克/千克体重，口服，每天1次，连用3天）。

处方3：黄连、黄芪各3克，黄柏6克，水煎服，每日2次，连用3～4天。

处方4：金银花5～12克，野菊花5～10克，水煎服，每日2次，连用3～4天。

处方5：蒲公英25克，菊花10克，赤芍10克，水煎服，每日2次，连用3～4天。

处方6：金银花5克，菊花3克，黄连1.5克，黄柏2克，黄芩1.5克，蒲公英8克，赤芍1.5克，每千克体重用量，煎汁500～1000毫升，分10次拌入少量精料喂给（注：患兔多，中药量多煎汁可适量增加）。

处方7：野菊花6克，蒲公英6克，鱼腥草10克，土茯苓6克，败酱草6克，白背叶6克，水煎内服，每日2次，连用3天。对生殖器感染型效果良好。

处方8：大蒜捣碎，加入2倍的水，挤出蒜汁，用筷子蘸蒜汁，成兔每次2～3滴，小兔1～2滴，每天3～4次，连续5～7天。对鼻炎型效果好。

七、兔结核菌病

【病原】本病是由结核杆菌引起的一种慢性传染病，

以肺、肝、肾、脾与淋巴结的肉芽肿性炎症及非特异性症状（如消瘦为特征。兔结核病的病原主要是牛型结核杆菌，禽型和人型结结核菌也能引起兔发病。结核杆菌对外界因素的抵抗力很强，在土壤、粪便中能生存 5 个月以上，不怕干燥与湿冷，但对温度敏感，62～63℃经 15 分钟即可杀死，煮沸即可杀死。一般消毒药可将其杀死。对酸有抵抗力。

【流行病学】兔结核病主要是由于与结核病人、病牛和病鸡直接或间接接触，经呼吸道、消化道、皮肤创伤而传染，经脐带和交配也可传染，有时也可经子宫内传染。进入体内的细菌很快被吞噬细胞吞噬，但吞噬细胞不能将其消灭，而是随血流流到其他部位。各种年龄与各品种的兔都有易感性。一年四季均可发生，多为散发。饲养管理不良，营养状态欠佳，兔舍潮湿、阴暗，兔笼污秽不洁等，可促使本病的发生与流行。

【临床症状】病兔食欲不振，消瘦，被毛粗乱，咳嗽喘气，呼吸困难。黏膜苍白，眼睛虹膜变色，晶状体不透明，体温稍高。患肠结核病的兔常出现腹泻。有的病例常见肘关节、膝关节和跗关节骨骼变形，甚至发生脊椎炎和后躯麻痹。

【病理变化】病尸消瘦，呈淡黄色至灰色。结核结节通常发生在肝、肺、肾、肋膜、腹膜、心包、支气管淋巴结、肠系膜淋巴结等部位，脾脏结核较为少见。结核结节具有坏死干酪样中心和纤维组织包囊。肺结核病灶可发生融合，形成空洞。

【诊断】根据临床症状和病理变化初步诊断。确诊时进行实验室检查，采取新鲜结核结节病灶涂片，用抗酸染色法染色镜检，可见细长丝状、稍弯曲的红色结核杆菌。或以病料进行细菌培养，做病原的分离鉴定。

【鉴别诊断】

1. 兔结核菌病与兔伪结核病的鉴别

［**相似点**］兔结核菌病与兔伪结核病均出现体温升高，食欲不振，被毛粗乱，日益衰弱，消瘦，呼吸困难，腹泻等临床表现及内脏器官有结节等病变。

［**不同点**］兔伪结核病是由伪结核耶尔森杆菌所引起的一种消耗性传染病，主要病变在盲肠蚓突和圆囊浆膜下有乳脂样结节，有的病例脾脏也有结节，结节内容物为灰白色乳脂样物。而兔结核菌病病兔的肝、肺、肋膜、腹膜、肾、心包、支气管淋巴结、肠系膜淋巴结等部位出现坚实的结节，结核结节大小不一，中心有坏死干酪样物，外面包有一层纤维组织性的包膜；肺中的结核灶可发生融合，并可形成空洞。以结节内容物涂片，用抗酸染色法染色，伪结核耶尔森杆菌为非抗酸菌，如将病料培养于麦凯琼脂培养基上，生长者为伪结核耶尔森杆菌，而结核杆菌在此培养基上不能生长。

2. 兔结核病与兔真菌性肺炎的鉴别

［**相似点**］兔结核病与兔真菌性肺炎均有消瘦、咳嗽、呼吸困难、黏膜苍白等临床表现。

［**不同点**］真菌性肺炎的病原是烟曲霉菌，可见到渐进性消瘦，从鼻孔流出黏液性鼻液，并伴有眼角膜混浊或溃疡，鼻黏膜苍白或发绀。而兔结核病表现为食欲不振，黏膜苍白，体温升高，后期腹泻，甚至出现眼睑反

射消失，严重的病例发生角膜炎和虹膜粘连、虹膜褪色，晶状体混浊；肘关节、膝关节发炎肿大，有的病例发生骨骼变形。真菌性肺炎的结节病变主要在肺脏。兔结核病除肺脏上有结节外，在肝、肾、肋膜、心包及肠系膜淋巴结上均有结节，结节的切面有白色干酪样物，并且肺脏内的结节相互融合能形成空洞。

3. 兔结核菌病与兔球虫病的鉴别

［**相似点**］兔结核菌病与兔球虫病均有食欲不振，被毛粗乱，日益衰弱，消瘦等临床表现和肠道有结节（慢性球虫病）的病理变化。

［**不同点**］兔球虫病的病原是球虫，主要表现为腹泻，病程较短，死亡率较高，以断乳兔多见；急性病变主要是肠黏膜增厚、充血，小肠内充满气体和黏液；慢性病变是肠黏膜有数量不等的圆形、粟粒大小的灰白色小结节；肝球虫病变主要是胆管壁增厚，结缔组织增生而引起肝细胞萎缩。而兔结核菌病各种年龄与各品种的兔都有易感性，咳嗽喘气，呼吸困难；病兔的肝、肺、肋膜、腹膜、肾、心包、支气管淋巴结、肠系膜淋巴结等部位出现坚实的结节，结核结节大小不一，中心有坏死干酪样物，外面包有一层纤维组织性的包膜；肺中的结核灶可发生融合，并可形成空洞；从病灶取材料作镜检，兔球虫病可检查出球虫卵。而兔结核菌病检查不到。

4. 兔结核菌病与兔巴氏杆菌病的鉴别

［**相似点**］兔结核菌病与兔巴氏杆菌病均有传染性。体温高（40℃以上），喷嚏，呼吸困难，呼吸急促，腹泻，结膜炎。

［**不同点**］兔巴氏杆菌病的病原为巴氏杆菌，病程急，体温 41℃，流鼻液，最急性不显症状即突然死亡；急性，1～3 天死亡；慢性，也在 1～2 周死亡；也有子宫储脓，睾丸炎，中耳炎等症状；剖检可见喉、气管、肺、心内外膜、肠黏膜、脾脏、淋巴结均出血，胸腹腔有黄色积液，肝脏有坏死灶，鼻窦、中耳有脓；病料涂片镜检，可见两极染色的短小杆菌。

5. 兔结核菌病与兔肺炎克雷伯菌病的鉴别

［**相似点**］兔结核菌病与兔肺炎克雷伯菌病均有传染性。废食，呼吸困难，腹泻。

［**不同点**］兔肺炎克雷伯菌病的病原为克雷伯菌。打喷嚏，流水样鼻液，腹胀，排黑色糊状粪，很快死亡。剖检可见气管出血，有血色泡沫，肺脏充血、出血，大理石样。小肠、大肠充满气体，盲肠有黑色稀粪。通过细菌分类鉴别。

【防制】

1. 预防措施

本病的治疗意义不大，注重预防。

（1）加强卫生管理　严格兽医卫生防疫制度，定期消毒兔舍、兔笼和用具等。兔场要远离牛舍、鸡舍和猪圈，并防止其他动物进入兔舍。

（2）严格隔离　严禁用结核病牛、病羊的乳汁喂兔，结核病人不能当饲养员。新引进的兔经检疫无病，并通过一段时间的隔离观察，方能进入兔群。

（3）及时淘汰　发现可疑病兔要立即淘汰处理，污染场所彻底消毒，严格控制传染源，就可以保持兔群的

健康。

2. 发病后措施

对种用价值高的病兔，可以使用药物治疗。

处方 1：链霉素。每只兔每日肛内注射链霉素 3～5 克，间隔 1～2 日用药 1 次。同时给以营养丰富的饲料，增加青料，补充矿物质、维生素 A 和维生素 D 等。

处方 2：白芨、黄瓜籽各 15 克，菠菜籽 30 克，共为细末，用蜂蜜调匀。用凉开水稀释灌服，每次 15 毫升，每天 2 次。

处方 3：蚕蛹，焙干研粉，每次 1 克，每天灌服 2 次。

八、兔伪结核病

兔伪结核病是由伪结核耶尔森菌引起的兔的一种慢性消耗性传染病。病的特征为肠道、内脏器官和淋巴结出现干酪样坏死结节。病兔通常表现为腹泻，食欲减退甚至拒食，行动迟钝，衰弱，肠系淋巴结肿大，进行性消瘦等症状。兔群感染率在 21%左右。

【病原】伪结核耶尔森杆菌，多形态杆菌，菌体革兰阴性，没有荚膜，不形成芽孢，有鞭毛。根据抗原的不同，可以分为 6 个主要血清型，各型又有不同亚型。兔伪结核耶尔森杆菌病以第Ⅰ型和第Ⅱ型为最常见。在自然情况下，此菌存在于鸟类和哺乳动物、特别是啮齿动物（家兔、野兔、豚鼠、海狸鼠等）体内。本菌可以引起人的淋巴腺炎、阑尾炎和败血症。不易引起大白鼠和地鼠发病。本菌的抵抗力不强，一般的消毒剂均能将其杀死。

【流行病学】由于本菌在自然界广泛存在，啮齿动物是本菌的储存场所，因此家兔很易自然感染发病。本病多呈散发性，但也可引起地方性流行，一般通过吃进被污染的饲料和饮水而感染，病原菌在消化道中产生损害并从粪便中排出。此外，皮肤伤口、交配和呼吸道也常是传染途径。营养不良、受惊和寄生虫病等使兔子抵抗力降低时易诱发本病。据 Wain's 报道，该病欧洲野兔发病率为 13%～17%。由于我国养兔一般为分散饲养，因此本病呈散发性。据某屠宰厂资料统计，在宰后检验 718268 只兔中，发现此病兔 1698 只，占屠宰总数的 0.24%。

【临床症状】病兔表现慢性腹泻，食欲减退，精神萎靡，进行性消瘦，被毛粗乱，极度衰弱，多数兔有化脓性结膜炎，腹部触诊可感到肿大的肠系膜淋巴结和肿硬的蚓突，少数病例呈败血经过，表现为体温升高，呼吸困难，精神沉郁，食欲废绝，很快死亡。

【病理变化】最常见的病变在盲肠蚓突和回盲部的圆小囊上。严重者蚓突肥厚如小香肠，圆小囊肿大变硬，浆膜下有无数灰白色乳脂样或干酪样粟粒大的小结节，小结节有单个的或片状（由几个合并而成）的。有些病例在相应部位的黏膜上被干酪样分泌物所覆盖。病变轻者蚓突和圆小囊浆膜下有散在性灰白色乳脂样粟粒大的小结节，或仅有个别粟粒大的小结节，在新的结节内为乳脂样物，在陈旧的结节内为白色凝固的干酪样团块。除了上述两个器官病变外，可能在以下几个器官也同时发现。淋巴结、尤其是肠系膜淋巴结可增大数倍，呈紫红色，有芝麻至绿豆大的灰白色结节，多者可达 100 个

以上，肝脏被凸出的小结节所布满，大小不一，结节内多为乳块状物质。此外，在肾、肺和胸膜也可能有同样干酪样结节。而心脏、四肢的淋巴结和关节很少出现病变。根据目前的研究发现，有些病例仅出现上述的脾脏病变，而其他器官均为正常。

【诊断】根据病理变化可作出初步诊断。确诊必须作微生物学和血清学检查。

【鉴别诊断】

1. 兔伪结核病与兔结核菌病鉴别

［**相似点**］兔伪结核菌病与兔结核菌病均出现体温升高，食欲不振，被毛粗乱，日益衰弱，消瘦，呼吸困难，腹泻等临床表现及内脏器官有结节等病变。

［**不同点**］兔结核菌病是由结核杆菌引起的一种慢性传染病，以肺、消化道、肾、肝、脾与淋巴结的肉芽肿性炎症及非特异性症状（比如消瘦）为特征；结核结节极少发生于蚓突和圆小囊的浆膜下，且结核灶坚硬。而兔伪结核病主要病变在盲肠蚓突和圆囊浆膜下有乳脂样结节，有的病例脾脏也有结节，结节内容物为灰白色乳脂样物（病灶起初是由组织细胞和淋巴细胞构成的，后来则以白细胞为主，因此，病灶和脓肿相似，而结节发生和发展要比结核病快得多，在病的早期即行酪化，因此，最小的结节呈白色，较大的则软化成乳脂状团块，常被结缔组织的包膜所包围）；如将病料培养于麦康凯琼脂培养基上，生长者为伪结核耶尔森杆菌，而结核杆菌在此培养基上不能生长；结核杆菌为革兰阳性，具有抗酸染色的特征。而伪结核耶尔森杆菌为革兰阴性，是不

抗酸的杆菌。

2. 兔伪结核菌病与兔球虫病的鉴别

［**相似点**］兔伪结核菌病与兔球虫病均有食欲不振，被毛粗乱，日益衰弱，消瘦等临床表现和肠道有结节（慢性球虫病）的病理变化。

［**不同点**］兔球虫病的病原是球虫，主要表现为腹泻，病程较短，死亡率较高，以断乳兔多见。急性肠球虫病，肠黏膜增厚，充血，小肠充满气体和大量黏液；慢性肠球虫病，肠黏膜有数量不等的圆形、粟粒大小的灰白色小结节，但盲肠蚓突、圆小囊不肿大，浆膜无结节病变，肝、脾、肾、肠系膜淋巴结等器官无多大的变化；肝球虫病，肝脏、尤其在胆管周围的肝表面和内部形成大小不一、形态不定的淡黄色脓样结节，胆管壁增厚、结缔组织增生而引起肝细胞萎缩。而兔伪结核菌病病程长，多数兔有化脓性结膜炎，主要病变在盲肠蚓突和圆囊浆膜下有乳脂样结节，有的病例脾脏也有结节，结节内容物为灰白色乳脂样物；从病灶取材料作镜检，兔球虫病可检查出球虫卵。而兔伪结核菌病检查不到。

3. 兔伪结核菌病与野兔热的鉴别

［**相似点**］兔伪结核菌病与野兔热均出现体温升高，精神萎靡，食欲不振，消瘦等临床表现以及内脏器官有点状白色病灶等病变。

［**不同点**］野兔热的病原是土拉杆菌，以体温升高、衰竭、麻痹和淋巴结、脾、肝肿大为主；病变集中于淋巴结等实质器官，如颌下、颈下、腋下和腹股沟等体表淋巴结肿大，鼻腔黏膜发炎；脾、肝肿大充血，上有点

状白色病灶，肺充血、肝变。而兔伪结核病主要病变在盲肠蚓突和圆囊浆膜下有乳脂样结节，有的病例脾脏也有结节，结节内容物为灰白色乳脂样物；脾肿大，较正常大约5倍，有慢性下痢症状。如将病料培养于麦康凯琼脂培养基上，生长者为伪结核耶尔森杆菌；伪结核耶尔森杆菌为革兰阴性，是不抗酸的杆菌。

4. 兔伪结核菌病与兔沙门菌病的鉴别

［**相似点**］兔伪结核菌病与兔沙门菌病均有体温升高、腹泻、精神沉郁、厌食等临床表现以及肠道上有灰白色结节等病变。

［**不同点**］兔沙门菌病是由鼠伤寒沙门菌和肠炎沙门菌引起兔的一种消化道传染病。兔沙门菌病以幼兔和怀孕母兔的发病率和死亡率最高，病兔以顽固性下痢、粪便稀软、常带有胶冻样黏液，消瘦，流产为特征，病兔在盲肠、结肠黏膜上和肝脏上有弥漫性灰白色、粟粒大的结节。而兔伪结核菌病主要病变在盲肠蚓突和圆囊浆膜下有乳脂样结节，有的病例脾脏也有结节，结节内容物为灰白色乳脂样物。革兰染色镜检，兔沙门菌病革兰阴性，卵圆形的短杆状，具有周鞭毛并常有菌毛，不形成芽孢；将病料接种于麦康凯琼脂培养基，兔沙门菌病可见光滑、圆形、半透明的灰白色小菌落；以沙门菌多价血清和“O”因子血清与培养物做凝集试验为阳性，可与伪结核病相区别。

【防制】

1. 预防措施

由于本病在生前不易确诊，目前对患兔难以进行正确的治疗，重点应加强预防。

（1）加强管理　加强饲养管理和卫生工作，定期消毒兔舍和用具，灭鼠，防止饲料、饮水与用具的污染。引进兔要隔离检疫，严禁带入传染源。

（2）发现可疑病兔后进行淘汰　应用血清凝集和血细胞凝集试验对兔群进行检查，查出病兔，立即淘汰，以消除传染来源。

（3）疫苗免疫　应用伪结核耶尔森杆菌多价灭活菌苗进行预防注射，每兔颈部皮下或肌内注射 1 毫升，免疫期达 4 个月以上，每兔每年注射 2 或 3 次，可控制本病的发生与流行。

2. 发病后措施

对确诊的病例用抗生素治疗有一定的疗效。

处方 1：链霉素，每千克体重 15 毫克肌内注射，每日 2 次，连用 3～5 天；或卡那霉素，每千克体重 10～20 毫克肌内注射，每日 2 次，连用 3～5 天；或四环素，每千克体重 30～50 毫克口服，每日 2 次，连用 3～5 天；或甲枫霉素，每千克体重 40 毫克口服或肌内注射，每日 2 次，连用 3～5 天。

处方 2：芝麻、核桃仁各 20 克，蜂蜜 20 毫升，共捣烂，每次灌服 3 克，每天灌服 3 次。灌时用水化开，便于灌服。

处方 3：白术 3 克，党参 2 克，黄芪 3 克，青皮 2 克，木香 2 克，厚朴 2 克，苍术 2 克，甘草 2 克（扶脾健肠散），共研细末，每日分 2 次，拌料饲喂或开水冲泡，待温灌服。适用于发病前期（食欲不振，被毛蓬乱，间歇性腹泻或便秘，逐渐消瘦者）。个别病情较重者，配合青霉素 10 万～20 万单位、庆大霉素 4 万单位肌注，1 天 2 次，连用 3～5 天；大群流行时，每 100 千克饲料中添加 50 克庆大霉素原粉。

处方 4：大黄 4 克，枸橘 2 克，枳实 2 克，厚朴 2 克，当归 6 克，党参 3 克，龙眼肉 3 克，干姜 1 克，桔梗 1 克，甘草 2 克（黄龙汤），水煎去渣，1 天分 2 次，待温灌服。适用于发病后期（食欲废绝、盲肠蚓突肥厚、肿胀、变硬、心力衰竭者）。对个别肠滞瘀严重者，口服硫酸钠，每次 3～6 克，加适量温水灌服。同时肌注链霉素，每千克体重 20 毫克，每日 2 次连用 3～5 天。

处方 5：大蒜 0.25 千克，用醋浸泡半月，喂兔，每次 3 瓣（捣烂、水调灌服），每天 3 次。

九、兔波氏杆菌病

兔波氏杆菌病也叫兔支气管败血波氏杆菌病，是由支气管败血波氏杆菌引起兔的一种常见的呼吸道感传染病。本病特征表现慢性鼻炎、支气管肺炎和咽炎。

【病原】支气管败血波氏杆菌，简称波氏杆菌，是一种细小的杆菌，革兰染色呈阴性，有周身鞭毛，能运动，不形成芽孢，多形态，由卵圆形至杆状，常呈两极着染；严格需氧菌，在普通琼脂培养基上生长后，形成光滑、湿润、烟灰色、半透明、隆起的中等大菌落。

【流行病学】本病传播广泛，常呈地方性流行，一般以慢性经过为多见，急性败血性死亡较少。该菌常存在于兔上呼吸道黏膜上，在气候骤变的秋冬之交极易诱发本病。这主要是由于兔受到体内外各种不良因素的刺激，导致抵抗力下降，波氏杆菌得以侵入机体内引起发病。本病主要通过呼吸道传播。带菌兔或病兔的鼻腔分泌物中大量带菌，常可污染饲料、饮水、笼舍和空气或随着咳嗽、喷嚏飞沫传染给健康兔。

【临床症状】可分为鼻炎型、支气管肺炎型和败血型。其中以鼻炎型较为常见，常呈地方性流行，多与多杀性巴氏杆菌病并发。多数病例鼻腔流出浆液性或黏液脓性分泌物，症状时轻时重。支气管肺炎型多呈散发，由于细菌侵害支气管或肺部，引起支气管肺炎。有时鼻腔流出白色黏性脓性分泌物，病后期呼吸困难，常呈犬坐式姿势，食欲不振，日渐消瘦而死。败血型即为细菌侵入血液引起败血症，不加治疗，很快死亡。

【病理变化】鼻炎型见鼻腔黏膜充血，有多量浆液或黏液。支气管肺炎见支气管黏膜充血，充满黏液，或含有泡沫黏液，也有些病例为稀脓液。肺有大小不一（大如鸽蛋、花生米，小如芝麻）的脓疱。脓疱的数量不等，多者可占肺体积的90％以上，脓疱内积满黏稠、乳油样的乳白色脓汁，肺有部分气肿。有些病例，在肝脏和肾脏也形成如黄豆至蚕豆大的脓疱。有时还会引起心包炎、胸膜炎、胸腔脓肿等。脓疱内积满黏稠、乳白色乳油样脓液。在慢性病例中常引起鼻甲骨萎缩。

【诊断】

根据临床症状及剖检变化可初步确诊。但必须进行细菌学检查，找出病原才能最后确诊。

1. 涂片检查

采取呼吸道分泌物或病变组织涂片，革兰染色，镜检，能看到革兰阴性、小球杆菌；如用美蓝染色，镜检，可见多形态、两极染色的小杆菌。

2. 血清学检查

可用平板凝集试验，琼脂免疫扩散试验等。如平板

凝集试验，在洁净的玻片上，滴加1滴菌液（2500亿菌1毫升），再加1滴被检血清，充分混合，在20～25℃条件下作用2～5分钟，出现颗粒絮状物，液体清亮为阳性。

【鉴别诊断】

1. 兔波氏杆菌病与巴氏杆菌病的鉴别

［**相似点**］兔波氏杆菌病与巴氏杆菌病均有冬春多发，鼻腔内有浆液性或黏液脓性分泌物等临床表现及黏膜充血和水肿等病理变化。

［**不同点**］巴氏杆菌病的病原是多杀性巴氏杆菌，除引起家兔急性败血症死亡外，还可引起胸膜炎，并以胸腔蓄脓为特征，很少单独引起肺脏脓疱；病初表现为上呼吸道卡他性炎症，流出浆液性鼻涕，以后转为黏性以至脓性鼻液；兔常用前爪抓擦鼻部，使鼻孔周围的被毛潮湿、缠结，甚至脱落，上唇和鼻孔皮肤红肿、发炎。而兔波氏杆菌病多表现为鼻炎，流出多量不同的浆液或黏性鼻液，通常不见脓液；鼻腔、气管黏膜充血、水肿；以病料接种绵羊鲜血琼脂培养基和改良麦康凯琼脂培养基，如仅在绵羊鲜血培养基上生长，不能在改良麦康凯琼脂培养基上生长，即为多杀性巴氏杆菌。如能在上述两种培养基上生长（在改良麦康凯培养基上，兔波氏杆菌病形成不透明、灰白色、不发酵葡萄糖的菌落），并且生化试验呈不发酵葡萄糖的菌落，即为支气管败血波氏杆菌。

2. 兔波氏杆菌病与兔葡萄球菌病的鉴别诊断

［**相似点**］兔波氏杆菌病与兔葡萄球菌病均有传染

性，鼻腔流出黏液脓性分泌物，病原体进入血液易得败血症。剖检肺脏、肝脏有脓疱。

［**不同点**］葡萄球菌病病原为葡萄球菌，虽然可以引起家兔肺脏的脓性病变，但比例很小。还可引起脚皮炎、皮下脓肿和乳腺炎等疾病。而兔波氏杆菌病特征表现慢性鼻炎、支气管肺炎和咽炎。兔葡萄球菌病病兔鲜血平皿培养，菌落金黄色有溶血环，以培养物皮注兔 1 毫升，局部引起溃疡和坏死，将脓液作涂片革兰染色镜检为阳性球菌。而兔波氏杆菌呈阴性、多态小杆菌。

3. 兔波氏杆菌病与兔肺炎克雷伯菌病的鉴别

［**相似点**］兔波氏杆菌病与兔肺炎克雷伯菌病均有传染性，减食，消瘦、流浆液性鼻液，打喷嚏，呼吸迫促，困难。

［**不同点**］兔肺炎克雷伯菌病的病原为肺炎克雷伯菌。腹胀，排黑色糊状粪，仔兔剧烈腹泻，1～2 天内死亡。剖检可见大肠、小肠充满气体，盲肠有黑褐色稀便。

4. 兔波氏杆菌病与兔弓形虫病的鉴别

［**相似点**］兔波氏杆菌病与兔弓形虫病均有传染性，仔兔多急性，成年兔多慢性，流黏液性鼻液，呼吸加快，逐渐消瘦。

［**不同点**］兔弓形虫病的病原为弓形虫。急性、慢性均有突然死亡，有后躯麻痹，剖检可见心脏、肺脏、肝脏、脾脏、淋巴结等均有坏死灶；慢性在脾脏、肝脏、肺脏、肠黏膜有扁豆粒大溃疡。血清凝集反应阳性。

5. 兔波氏杆菌病与肺炎球菌病的鉴别

［**相似点**］兔波氏杆菌病与肺炎球菌病均有传染性，

流黏液性鼻液，咳嗽。剖检可见肺部有脓肿，心包炎、胸膜炎。

［**不同点**］肺炎球菌病的病原为肺炎球菌。剖检可见气管、支气管黏膜充血、出血，有粉红色黏液、纤维素渗出物，心包与胸膜和肺部有粘连，肝脏脂肪变性。子宫黏膜出血。病变区涂片镜检，为革兰阳性双球菌。

6. 兔波氏杆菌病与兔链球菌病的鉴别

［**相似点**］兔波氏杆菌病与兔链球菌病均有传染性，流鼻液，咳嗽。

［**不同点**］兔链球菌病的病原为链球菌。体温升高，间歇性下痢，有中耳炎时，歪头，行动滚动。剖检可见皮下组织出血性浆液性浸润，肠黏膜弥漫性出血，肝脏、肾脏脂肪变性。病料涂片镜检，革兰阳性，呈短链球菌。

7. 兔波氏杆菌病与兔传染性鼻炎的鉴别

［**相似点**］兔波氏杆菌病与兔传染性鼻炎均有传染性，流浆液性、黏液性、黏液性脓性鼻液，打喷嚏、咳嗽。

［**不同点**］兔传染性鼻炎病原为多种细菌。环境剧变时诱发，不引起肺炎和败血死亡。

【防制】

1. 预防措施

（1）严格饲养管理　加强饲养管理，改善饲养环境，做好卫生防疫工作；兔场最好坚持自繁自养。对新引进的兔，必须隔离观察 1 个月以上，经细菌学与血清学检查为阴性者方可入群；搞好兔舍、笼具、垫料等的消毒，及时清除舍内粪便、污物。平时消毒可使用 3%来苏尔、

1%～2%氢氧化钠液、1%～2%福尔马林液等。

（2）疫苗预防　可用分离到的支气管败血波氏杆菌，制成蜂胶或氢氧化铝灭活菌苗，进行预防注射，每只兔皮下注射 1 毫升，每年 2 次。也可用兔巴氏杆菌-波氏杆菌二联苗或巴氏杆菌-波氏杆菌-兔病毒性出血症三联苗。

2. 发病后措施

本病较难治愈，重在预防。本病常与巴氏杆菌混合感染。兔群一旦发病，必须查明原因，消除外界刺激因素，隔离感染兔，以控制病原传播。

处方 1：卡那霉素，每只兔每次 20～40 毫克，肌内注射，每天 2 次；或庆大霉素，每只兔每次 1 万～2 万单位，肌内注射，每天 2 次；或四环素，每只兔每次 1 万～2 万单位，肌内注射，每天 2 次（鼻炎型病例也可用氯霉素或链霉素滴鼻，每天 2 次，连用 3 天）。

处方 2：杏仁、栝楼仁、白前、远志、防风、陈皮各 15 克，上 6 味药粉碎成细粉，混匀，每次 2 克，每天 2 次，温开水调开灌服。

处方 3：鲜猪胆汁 50 毫升，地龙 20 克。将地龙研粉与猪胆汁混匀，烘干，研末，每次服 3 克，每天 2 次，温开水灌服。

处方 4：鲜白杨树皮 10 克，鲜蛤蟆草 10 克，水煎成 30 毫升，每天 1 剂，分 2 次灌服。

十、兔大肠杆菌病

兔大肠杆菌病是由一定血清型的致病性大肠杆菌及其毒素引起的仔兔、幼兔肠道传染病，以水样或胶冻样粪便和严重脱水为特征。

【病原】病原为致病性大肠杆菌，又称大肠埃希菌。

为革兰阴性、无芽孢、有鞭毛的短小杆菌，该菌血清型较多，引起兔致病的大肠杆菌，主要有30多个血清型。

【流行病学】本病一年四季均可发生。各种年龄和性别的兔都易感性，但主要发生于断奶前的仔兔，成年兔发病率低。本病的发生常由于饲养条件和气候等环境的变化而导致植物神经系统紊乱，使肠道中本来以革兰阳性为主的细菌群，很快由大量革兰阴性菌所代替（主要是大肠杆菌），以致发生剧烈的腹泻，甚至死亡。另外，可因致病性大肠杆菌侵入肠道，产生大量毒素而引起腹泻，甚至死亡。兔场一旦发生本病后，常因场地和兔笼的污染而引起大流行，仔兔大批死亡。第一胎仔兔发病率和死亡率高于其他胎次的仔兔，可能与母兔免疫力有一定关系。

【临床症状】便秘病兔常精神沉郁，被毛粗乱，废食，有的磨牙，兔粪细小，呈老鼠屎状，常卧于兔笼一角逐渐消瘦死亡；腹泻病兔，拉稀便，食欲减退，尾及肛周有粪便污染，精神差，病后期两耳发凉，卧伏不动，不时从肛门中流出稀便。急性病例通常在1～2天内死亡，少数可拖至1周，一般很少自然康复。

大肠杆菌可以引起仔兔的肠道疾病（也叫仔兔非特异性肠炎）。此病多发生于仔兔，发病较急，腹胀、水泻，带有明胶样的黏液，兔体温不高。由于脱水，消瘦很快，四肢发冷，磨牙，急性的突然死亡。

【病理变化】腹泻病兔剖检可见胃膨大，充满多量液体和气体，胃黏膜上有针尖状出血点；十二指肠充满气体并被胆汁黄染；空肠、回肠肠壁薄而透明，内有半透明胶冻样物和气体；结肠和盲肠黏膜充血，浆膜上有时有出血斑点，有的盲肠壁呈半透明，内有多量气体；胆囊亦可见胀大，膀胱常胀大，内充满尿液。便秘病死兔剖检可见盲肠、结肠内容物较硬且成形，上有胶冻，肠壁有时有出血斑点。败血型可见肺部充血、瘀血，局部肺实变。仔兔胸腔内有多量灰白色液体，肺实变，纤维素渗出，胸膜与肺粘连。

【诊断】从自然感染发病死兔的肠道中，特别是从结肠、盲肠以及蚓突内容物和败血型病例中，容易分离到本菌。此外，在水肿的肠系膜淋巴结、脾脏、肝脏的坏死病灶中均能分离培养到本菌。分离时可选用伊红美蓝琼脂作为选择性培养基。如果需要，尚需进一步通过血清定型和动物试验等综合判定。

【鉴别诊断】

1. 兔大肠杆菌病与沙门菌病的鉴别

［**相似点**］兔大肠杆菌病与沙门菌病均有传染性，最急性表现症状为即死，沉郁，废食，体温升高（40℃），腹泻，粪有黏液。剖检可见肠黏膜充血、出血。

［**不同点**］沙门菌病的病原为沙门菌。体温较高（41℃），孕兔流产。剖检可见内脏大多有出血斑，胸腔积液和纤维素性渗出物。肠黏膜脱落，有溃疡，上附黄色纤维素样凝结物。圆小囊和蚓突有淡灰色小结节。用病兔耳血与沙门菌多价抗原作玻片凝集试验即可确诊。

2. 兔大肠杆菌病与球虫病（肠炎型）的鉴别

［**相似点**］兔大肠杆菌病与球虫病（肠炎型）均有传染性，多发生于幼兔，最急性表现症状为即死，腹部膨

胀，下痢，肛周、后肢粪污。剖检可见肠黏膜充血、出血。

［**不同点**］球虫病（肠炎型）的病原为球虫，有的突然倒地痉挛。剖检可见小肠有白色结节，内有卵囊，粪用饱和盐水法漂浮触片镜检，可见卵囊。

3. 兔大肠杆菌病与A型产气荚膜梭菌病（魏氏梭菌病）的鉴别

［**相似点**］兔大肠杆菌病与A型产气荚膜梭菌病（魏氏梭菌病）均有传染性，沉郁，废食，腹膨胀，水泻，肛周、后肢粪污。急性1～2天死亡。

［**不同点**］A型产气荚膜梭菌病的病原为魏氏梭菌，摇晃兔身有晃水音，提起患兔，粪水即从肛门流出，粪污褐色或污绿色，有特殊臭味。剖检可见胃充满饲料，胃底黏膜有大小不一的溃疡。小肠、大肠充满气体，盲肠、结肠内容物黑绿色，有腐臭味。肾脏、淋巴结无变化。用对流免疫电泳法测肠内容物，有外毒素即可确诊。

4. 兔大肠杆菌病与肺炎克雷伯菌病的鉴别

［**相似点**］兔大肠杆菌病与肺炎克雷伯菌病均有传染性，沉郁，废食，消瘦，腹膨胀，排糊状或水粪，1～2天死亡等临床表现和胃膨大，小肠、犬肠充满气体的病理变化。

［**不同点**］肺炎克雷伯菌病的病原为肺炎克雷伯菌。表现为打喷嚏，流水样鼻液，呼吸迫促，稀粪黑色，仔兔剧烈腹泻，孕兔流产。剖检可见气管充满气泡样液体；肺充血、出血，大理石样；胸腔有血样液；盲肠有黑褐色稀粪。可通过细菌分离鉴定。

5. 兔大肠杆菌病与泰泽病的鉴别

［**相似点**］兔大肠杆菌病与泰泽病均有传染性，沉郁，废食，剧烈腹泻，排糊状或水样粪，肛周和后肢粪污，1～2天死亡。

［**不同点**］泰泽病的病原为毛发样芽孢杆菌。粪褐色，死亡率95%。剖检可见回肠末端、盲肠、结肠前段黏膜充血、出血，圆小囊和蚓突变硬有坏死灶或小结节，盲肠黏膜粗糙，有褐色糊状或水样内容。用病变区病料涂片，以姬姆萨或镀银法染色镜检，可证明细胞浆内存在毛发样芽孢杆菌。

6. 兔大肠杆菌病与仔兔轮状病毒病的鉴别

［**相似点**］兔大肠杆菌病与仔兔轮状病毒病均有传染性，表现沉郁，废食，排粥样或水样稀粪。

［**不同点**］仔兔轮状病毒病的病原为轮状病毒。水样粪如蛋花汤，有白色、灰色、浅绿色，下痢后3天死亡。剖检可见小肠明显充血，肠腔内积有大量液体。小肠后段内容物过滤离心涂片负染色，电镜可见轮状病毒。

7. 兔大肠杆菌病与消化不良的鉴别

［**相似点**］兔大肠杆菌病与消化不良均有精神不振，不吃，排糊状、水样粪，肛周和后肢粪污等症状。

［**不同点**］消化不良因饲养管理不善或饲料不好而病，无传染性。粪中有不消化食物，无臭气，有异嗜。

【防制】

1. 预防措施

（1）严格饲养管理　平时加强饲养管理，搞好兔舍卫生，定期消毒。减少应激因素，特别是在断奶前后不

能突然改变饲料，以免引起仔兔肠道菌群紊乱。

（2）疫苗预防　常发生本病的兔场，可用从本病兔中分离出的大肠杆菌制成灭活苗，每年进行2次预防注射，有一定疗效。

2. 发病后措施

兔一旦发病，应立即隔离或淘汰，死兔应焚烧深埋，兔笼、兔舍用0.1%新洁尔灭或2%火碱水进行消毒，并用药物治疗。

处方1：链霉素，肌内注射，兔20～30毫克/千克体重，每天2次，连用3～5天；或氯霉素，每只兔50～100毫克，肌内注射，每天2次，连用3～5天；或多黏菌素，每只兔2.5万单位，肌内注射，连用3～5天；或庆大霉素，每只2万～4万单位，每天2次，肌内注射，连用3～5天。以上药物可单独使用，也可配合使用。

处方2：庆大霉素，肌注，3000单位/千克体重，地塞米松0.03毫克/千克体重；或口服氟哌酸0.02克/千克体重。每日2次，连用3～5天。

处方3：庆大霉素，肌注，3000单位/千克体重，地塞米松0.03毫克/千克体重，复方黄连素0.1毫升/千克体重。每日2次，连用3～5天。

处方4：氨苄青霉素，肌注，0.05克/千克体重，地塞米松0.03毫克/千克体重，口服氟哌酸0.02克/千克体重，每日2次，连用3～5天；或口服土霉素25毫克/千克体重，每日2次，连用3～5天。

处方5：穿心莲6克，金银花6克，香附6克，水煎服，每天2次，连用7天。

处方6：郁金45克，金银花45克，连翘45克，大黄50

克，栀子 20 克，诃子 35 克，黄连 20 克，白芍 20 克，黄芩 20 克，黄柏 20 克，水煎服，连用 3 天。结合注射氟苯尼考，3 天控制死亡，5 天后兔群恢复正常。

处方 7：茜草秧 100 克，白头翁 70 克，苦参 70 克，马齿苋 60 克，大青叶 50 克，板蓝根 50 克，蒲公英 50 克，黄连 20 克，黄柏 30 克，茯苓 40 克，苍术 40 克。按配方称量各药后粉碎，过 60 目筛，搅拌混匀。按 10 克剂量加入 1 千克饲料中混匀制成颗粒饲喂，连续用药 5 天，防治效果良好。

处方 8：白头翁 100 克，苦参 70 克，金银花 60 克，大青叶 50 克，板蓝根 50 克，蒲公英 50 克，黄连 20 克，黄柏 30 克，茯苓 40 克，苍术 40 克。按配方称量各药后粉碎，过 60 目筛，放入立式搅拌机中混匀，装塑料袋密封备用，每袋 250 克。按 10 克/千克饲料混匀制成颗粒饲喂，连续用药 5 天，防治兔大肠杆菌病有同样的效果。

处方 9：黄连、黄芩各 5 克，葛根 6 克，甘草 2 克。按配方称量各药后粉碎，过 60 目筛，按 10 克/千克饲料搅拌混匀饲喂，连续用药 5～7 天。

处方 10：金银花、连翘、赤芍各 5 克，黄柏、生地、玄参各 3 克，甘草 2 克。按配方称量各药后粉碎，过 60 目筛，按每千克饲料 10 克搅拌混匀饲喂，连续用药 5 天。

处方 11：丹参、金银花、连翘各 10 克，加水 1000 毫升，煎至 300 毫升，口服，每天 2 次，每次 3～4 毫升，连用 3～4 天。

处方 12：500 克大蒜，1000 毫升酒。将大蒜捣成泥状，放入酒中浸泡密封半月即成酒蒜液，取 3 份酒蒜液加水 7 份，也可以加少量食醋，病兔每日 2 次，每次 2～10 毫升，小兔减半，当日有效（治疗急性黏液性肠炎）。

处方 13：百草霜（锅底灰）25 克，茜草（见血愁）15 克，

葎草（拉拉秧）15 克，红糖 10 克，人工盐 5 克，水煎内服或拌料，病兔每日 2 次，每次 5～10 毫升，小兔减半，连服 3～5 天（治疗阻塞性黏液性肠炎）。

处方 14：马齿苋 15 克，鱼腥草 10 克，车前草 10 克，萹蓄草 6 克，红糖 25 克，加水 1400 毫升，煎煮 800 毫升去渣取汁，病兔每日 2 次，每次 10～15 毫升拌料或灌服，小兔减半，连用 5～7 天（治疗顽固性黏液性肠炎）。

处方 15：葛根、玉米须、黄芩各 10 克，水煎灌服，每次 15 毫升，每天 2 次（治疗非特异性肠炎）。

十一、兔产气荚膜梭菌（A 型）病

兔产气荚膜梭菌（A 型）病（兔魏氏梭菌病）是由 A 型魏氏梭菌产生外毒素引起的肠毒血症，以发病突然、急性腹泻，排黑色水样或带血的胶冻样、腥臭粪便，盲肠浆膜出血斑和胃黏膜出血、溃疡为主要特征。是一种严重危害兔生产的急性传染病，其发病率、死亡率均高。

【病原】 A 型魏氏梭菌菌体革兰染色为阳性，菌体较大，芽孢位于菌体中间或偏端。A 型魏氏梭菌主要产生 α 毒素。该毒素只能被 A 型抗血清中和，具有致坏死、溶血和致死作用，仅对兔和人有致病力。

【流行病学】 除哺乳仔兔外，不同年龄、品种、性别的家兔对 A 型魏氏梭菌均有易感性。但毛用兔高于皮肉用兔，尤其以纯种长毛兔和獭兔高于杂交毛兔。各种年龄的兔均可感染发病。但以 1～3 月龄的仔兔发病率最高。本病一年四季均可发生。尤其在冬春季节青饲料缺乏时容易发病。这与青饲料的显著减少，而喂过多的谷类饲料有关。因为低纤维高淀粉饲料。容易造成兔胃肠道碳水化合物过度负荷，肠道正常菌群失调和厌氧状态，从而A型魏氏梭菌可以大量繁殖，产生毒素引起腹泻。家兔发病后，以急性剧烈腹泻和迅速死亡为主要特征。在出现水泻的当天或次日即死亡，少数可拖延至1周或更久，但最终死亡，发病率可高达90%，病死率可高达100%。

A型魏氏梭菌芽孢广泛分布于土壤、粪便、污水和劣质面粉中，可经消化道和伤口进入机体。在长途运输、饲养管理不当、青饲料短缺、粗纤维含量低、突然更换饲料、饲喂高蛋白的精料、饲喂劣质鱼粉、长期饲喂抗生素或磺胺类药物和气候骤变等应激因素作用下，极易导致本病的暴发。消化道是本病主要的传染途径。

【临床症状】兔发病后精神沉郁，不食，喜饮水；下痢，粪稀呈水样，污褐色，有特殊腥臭味，稀便沾污肛周及后腿皮毛；外观腹部臌胀，轻摇兔身可听到“咣当咣当”的拍水声。提起患兔，粪水即从肛门流出。患病后期，可视黏膜发绀，双耳发凉，肢体无力，严重脱水。发病后最快的在几小时内死亡，多数当日或次日死亡，少数拖至1周后最终死亡。

【病理变化】死亡兔可见肛门附近和飞肢后节下端被毛染粪，病尸脱水。打开腹腔即可闻到特殊的腥臭味。胃内充满食物，胃底黏膜脱落，有大小不等的溃疡灶；肠黏膜呈弥漫性出血，小肠充满胶冻样液体并混有大量气体，使肠壁变薄而透明；大肠内有大量气体和黑色水样粪便，有腥臭气味；肝脏稍肿、质地变脆。胆囊肿大、

充满胆汁。脾呈深褐色。膀胱积有茶色尿液。肺充血、瘀血。心脏表面血管怒张，呈树枝状。

【诊断】 取病死兔空肠、回肠和盲肠内容物涂片，革兰染色镜检，发现两端稍钝圆的革兰阳性杆菌。接种肉汤培养基，37℃培养，5～6 小时后，培养基变混浊，并产生大量气体，培养物涂片，染色镜检，发现两端稍钝圆的革兰阳性杆菌，可以初步诊断。

【鉴别诊断】

1. 兔产气荚膜梭菌（A 型）病与兔球虫病的鉴别

［**相似点**］兔产气荚膜梭菌（A 型）病与兔球虫病均有精神沉郁，食欲减退，下痢，肛门沾污，排粪频繁、胃肠臌气、不久即死亡等临床表现和肠黏膜充血、出血等病理变化。

［**不同点**］兔球虫病的病原是球虫。开始时病兔食欲减退，精神沉郁，伏卧不动，生长停滞。眼鼻分泌物增多，体温升高，腹部胀大、臌气，下痢，肛门沾污，排粪频繁。肠球虫有顽固性下痢，甚至拉血痢，或便秘与腹泻交替发生。剖检见十二指肠壁厚，内腔扩张，黏膜炎症。小肠内充满气体和大量微红色黏液，肠黏膜充血并有出血点。慢性者，肠黏膜呈灰色，有许多小而硬的白色小结节，内含有卵囊。取结节作玻片压片镜检，兔球虫病可检到球虫囊。

兔产气荚膜梭菌（A 型）病粪便开始为灰褐色软便，很快变为黑绿色水样粪便，并有特殊的腥臭味。胃底部黏膜脱落，有出血斑点和大小不一的黑色溃疡点。心外膜血管怒张，呈树枝状。肝与肾瘀血、变性、质脆。

膀胱多有茶色或深蓝色尿液。

2. 兔产气荚膜梭菌（A型）病与兔沙门菌病（副伤寒病）的鉴别

［**相似点**］兔产气荚膜梭菌（A型）病与沙门菌病均有精神沉郁、厌食、渴欲增加，腹泻、粪臭，很快死亡等临床表现或肠道黏膜脱落、有溃疡等病变。

［**不同点**］兔沙门菌病的病原是鼠伤寒沙门菌和肠炎沙门菌。以幼兔和怀孕母兔的发病率和死亡率最高；病兔以顽固性下痢、粪便稀软、常带有胶冻样黏液、体温升高、消瘦、流产为特征，大多数病例肝脏有散在性或弥漫性针尖大的坏死病灶。而兔产气荚膜梭菌（A型）病轻摇兔身可听到"咣当咣当"的拍水声，提起患兔，粪水即从肛门流出；剖检胃底部黏膜脱落，有出血斑点和大小不一的黑色溃疡点；心外膜血管怒张，呈树枝状。肝与肾瘀血、变性、质脆。膀胱多有茶色或深蓝色尿液。革兰染色镜检，兔沙门菌呈革兰阴性，卵圆形的短杆状，具有周鞭毛并常有菌毛，不形成芽孢。

3. 兔产气荚膜梭菌（A型）病与兔病毒性出血症的鉴别

［**相似点**］兔产气荚膜梭菌（A型）病与兔病毒性出血症均有精神沉郁，食欲减少或拒食，发病突然，死亡快，胃黏膜脱落形成漠溃疡等特点。

［**不同点**］兔病毒性出血症（兔出血性肺炎、兔出血症和兔瘟）是由兔病毒性出血症病毒所致的兔的一种急性、败血性、高度接触传染性、致死性传染病。以实质器官的出血或瘀血为特征，无水样腹泻。兔产气荚膜梭

菌（A 型）病是由 A 型魏氏梭菌产生外毒素引起的肠毒血症，以水样腹泻为特征性变化，盲肠浆膜有鲜红色出血斑，实质器官不出血或瘀血。

4. 兔产气荚膜梭菌（A 型）病与兔巴氏杆菌病鉴别

［**相似点**］兔产气荚膜梭菌（A 型）病与兔巴氏杆菌病均具有发病急、死亡快，精神沉郁、食欲减少或拒食等临床表现。

［**不同点**］兔巴氏杆菌病的病原是多杀性巴氏杆菌。兔巴氏杆菌病发病无明显年龄界限，多呈散发性流行。主要为呼吸系统症状，表现为呼吸急促；肺严重充血、出血、高度水肿。体温升高，部分鼻腔流脓性分泌物，病兔肝脏变性，有散在的灰白色针尖头大小的坏死点；制作肝脏触片革兰染色镜检，可见阴性二极浓染的杆菌。兔魏氏梭菌病多发生于断乳以后的家兔，引起兔的暴发性、发病率和致死率较高的、以消化道症状为主的全身性疾病，急剧腹泻，胃黏膜出血、溃疡和盲肠浆膜出血；肝脏、心内外膜有出血斑点状或条纹状，整个心脏外观发黑；肝脏变性出血，并有许多坏死小点；以病料涂片革兰染色镜检到大小一致的卵圆形的小球杆菌。

5. 兔产气荚膜梭菌（A 型）病与大肠杆菌病鉴别

［**相似点**］兔产气荚膜梭菌（A 型）病与大肠杆菌病均有精神沉郁，厌食，腹臌胀，水泻和肛门周围、后肢有粪污，耳尖、四肢发冷，急性 1～2 天死亡等临床表现或肠道黏膜出血等病变。

［**不同点**］兔大肠杆菌病病原为大肠杆菌，主要感染 1～3 月龄的仔幼兔，特别是断奶前后仔兔发病率较高；

本病一年四季均可发生，特别在寒冷季节发病率相对较高。患兔流涎，剧烈腹泻，粪便呈淡黄色至棕色水样稀粪，常带有多量明胶样黏液和一些两头尖的干粪，干粪外面有透明胶样物。兔产气荚膜梭菌（A型）病多发生于断乳以后的家兔，突然发病、死亡快。粪稀呈水样，污褐色，有特殊腥臭味；外观腹部臌胀，轻摇兔身可听到“咣当咣当”的拍水声。提起患兔，粪水即从肛门流出。兔大肠杆菌病病死兔剖检，胃内有多量液体和少量气体；十二指肠和空肠扩张，充满半透明胶样液体，回肠和结肠内容物有细长、两头尖、像大白鼠粪便、外面包有黏稠灰白色胶样分泌物，呈串珠状，肠黏膜充血或有出血点；胆囊扩张，充满胆汁，黏膜水肿，但胃黏膜无黑斑溃疡，盲肠浆膜无出血斑等病变。兔产气荚膜梭菌（A型）病胃底部黏膜脱落，有出血斑点和大小不一的黑色溃疡点；盲肠浆膜出血，心外膜血管怒张，呈树枝状；肝与肾瘀血、变性、质脆；膀胱多有茶色或深蓝色尿液。

6. 兔产气荚膜梭菌（A型）病与泰泽病的鉴别

［**相似点**］兔产气荚膜梭菌（A型）病与泰泽病均有突然发病，严重腹泻（水泻），急剧脱水，精神沉郁，食欲废绝，很快死亡等临床表现以及肠黏膜出血等病变。

［**不同点**］兔泰泽病是由毛样芽孢杆菌引起3～12周龄兔急性水泻为特征的一种传染病；回肠后段、结肠前段和盲肠的浆膜面充血，浆膜下常见有出血斑点；盲肠壁水肿增厚，盲肠和结肠肠腔内含有褐色水样粪便，但胃黏膜无出血或黑色溃疡斑。而兔产气荚膜梭菌（A型）性肠炎胃内充满食物，胃底黏膜脱落，有大小不等

的溃疡灶，肠黏膜呈弥漫性出血，小肠充满胶冻样液体并混有大量气体，使肠壁变薄而透明。泰泽病兔的肝脏，尤其在门脉区附近肝小叶有弥漫性灰白色针头大坏死病灶，心肌有灰白色条纹状病灶。而魏氏梭菌病肝脏稍肿、质地变脆，胆囊肿大、充满胆汁；心脏表面血管怒张，呈树枝状。由于毛样芽孢杆菌不能在人工培养基上生长，仅能用鸡胚卵黄囊分离培养，因此诊断本病只能将有病灶的肝脏和心肌进行组织切片检查病原菌，或将有病灶的肠道黏膜涂片，用姬姆萨染色检查病原菌，在肝细胞胞浆、心肌纤维和肠黏膜上皮细胞胞浆中，可找到成丛的毛样芽孢杆菌，这是魏氏梭菌性肠炎特征性鉴别。

7. 兔产气荚膜梭菌（A型）病与溶血性链球菌病的鉴别

［**相似点**］兔产气荚膜梭菌（A型）病与溶血性链球菌病均有精神沉郁，食欲废绝，腹泻等临床表现以及肠道出血等病变。

［**不同点**］溶血性链球菌病是由溶血性链球菌引起的家兔的疾病，除了呈化脓性炎症和脓毒败血症死亡外，常呈间歇性腹泻；患兔体温升高，呼吸困难，粪便无恶腥臭味等临诊症状。而兔产气荚膜梭菌（A型）病体温不升高、无呼吸道困难，粪便有特殊腥臭味，稀便沾污肛周及后腿皮毛；外观腹部臌胀，轻摇兔身可听到“咣当咣当”的拍水声；提起患兔，粪水即从肛门流出。溶血性链球菌病皮下出血性浆液浸润，肠道黏膜呈弥漫性出血，而盲肠浆膜无出血斑。而兔产气荚膜梭菌（A型）病肠黏膜呈弥漫性出血，小肠充满胶冻样液体并混

有大量气体，使肠壁变薄而透明；可将被检病料作触片或涂片，革兰染色镜检，如革兰阳性链状球菌即为链球菌，而魏氏梭菌病的内脏器官未见细菌，如仅能在肠道内容物中见有较多的革兰阳性大杆菌，即为魏氏梭菌。将病料接种于鲜血琼脂，分别于嗜氧和厌氧环境下培养，如在嗜氧培养基上呈β溶血的小菌落，即为链球菌；如在厌氧培养基上呈双溶血圈的大菌落，即为魏氏梭菌。

8. 兔产气荚膜梭菌（A型）病与霉菌性腹泻的鉴别

［**相似点**］兔产气荚膜梭菌（A型）病与霉菌性腹泻均有腹泻以及肠道出血等病理变化。

［**不同点**］霉菌性腹泻主要由黄曲霉毒素和其他真菌毒素所致。家兔对这类毒素非常敏感，因其能损害肝脏和消化系统的机能而导致腹泻；患病肝脏呈淡黄色、硬化，肠道黏膜充血，而盲肠浆膜无出血斑，这与魏氏梭菌性肠炎完全不同。患霉菌性腹泻的病兔肝脏触片和肠道内容物涂片镜检为阴性。

9. 兔产气荚膜梭菌（A型）病与轮状病毒病的鉴别

［**相似点**］兔产气荚膜梭菌（A型）病与轮状病毒病均有腹泻的临床表现和肠道出血病变。

［**不同点**］轮状病毒病的病原是轮状病毒。1～4周龄仔兔多发，粪便呈黄色，水泻时呈绿色，带有血液和黏液。而兔产气荚膜梭菌（A型）病以1～3月龄兔多发；粪稀呈水样，污褐色，有特殊腥臭味，稀便沾污肛周及后腿皮毛；外观腹部臌胀，轻摇兔身可听到“咣当咣当”的拍水声。提起患兔，粪水即从肛门流出。轮状病毒病小肠黏膜出血水肿，肠壁扩张，盲肠黏膜瘀血水

肿，肝脏、脾脏瘀血，肺脏出血斑或出血点；小肠绒毛萎缩，柱状细胞脱落。而兔产气荚膜梭菌（A型）病胃黏膜出血、有大小不等的溃疡灶和盲肠浆膜出血；肝脏稍肿、质地变脆，胆囊肿大、充满胆汁；脾呈深褐色。膀胱积有茶色尿液；肺充血、瘀血；心脏表面血管怒张，呈树枝状。

10. 兔产气荚膜梭菌（A型）病与黏液性肠炎的鉴别

［**相似点**］兔产气荚膜梭菌（A型）病与黏液性肠炎均有腹泻、腹部膨胀，有水晃动音等临床表现及肠道出血的病变。

［**不同点**］黏液性肠炎粪便呈黏液性，透明胶冻状，慢性腹泻与便秘交替发生；十二指肠、空肠充满泡沫状液体，结肠、直肠有大量透明黏液、胶冻状物阻塞，回肠、盲肠可出现血斑。肝脏、心脏有小坏死点。兔产气荚膜梭菌（A型）病粪稀呈水样，污褐色，有特殊腥臭味，稀便沾污肛周及后腿皮毛；提起患兔，粪水即从肛门流出；胃黏膜出血、有大小不等的溃疡灶。肝脏稍肿、质地变脆。胆囊肿大、充满胆汁。脾呈深褐色；膀胱积有茶色尿液；肺充血、瘀血；心脏表面血管怒张，呈树枝状。

11. 兔产气荚膜梭菌（A型）病与螺旋酸菌病的鉴别

［**相似点**］兔产气荚膜梭菌（A型）病与螺旋酸菌病均有突然发病死亡，腹泻、肛门被粪便污染，粪便腥臭味等临床表现以及肠道出血的病变。

［**不同点**］螺旋酸菌病病原为革兰阳性螺旋形梭状芽孢杆菌，以刚断奶的仔兔最易感染；病兔粪便呈黑色液

体状，盲肠明显膨大，内有黑色液体和气体，有特殊的刺鼻气味；盲肠黏膜充血，结肠有多量恶臭的液体；胃黏膜脱落，肝、脾、肾脏瘀血肿大。兔产气荚膜梭菌（A 型）病粪稀呈水样，污褐色，提起患兔，粪水即从肛门流出；胃黏膜出血、有大小不等的溃疡灶；肝脏稍肿、质地变脆。胆囊肿大、充满胆汁；脾呈深褐色；膀胱积有茶色尿液；肺充血、瘀血；心脏表面血管怒张，呈树枝状。

12. 兔产气荚膜梭菌（A 型）病与衣原体病的鉴别

［**相似点**］兔产气荚膜梭菌（A 型）病与衣原体病均有腹泻等临床表现。

［**不同点**］兔衣原体病的病原为衣原体（革兰阴性病原体）。病兔临床上以肠炎、肺炎和流产为特征。水泻，胃、十二指肠、空肠充满液体，结肠有清朗黏液，肺有坏死灶，脾脏肿大；兔产气荚膜梭菌（A 型）病是暴发性、发病率和致死率较高的、以消化道症状为主的全身性疾病。胃黏膜出血、溃疡和盲肠浆膜出血。

13. 兔产气荚膜梭菌（A 型）病与兔铜绿假单胞菌病的鉴别

［**相似点**］兔产气荚膜梭菌（A 型）病与兔铜绿假单胞菌病均有传染性，沉郁、不食、急性腹泻，排出褐色稀粪或血痢，发病当天死亡。解剖检可见肠黏膜出血。

［**不同点**］铜绿假单胞菌病病原为铜绿假单胞菌。体温升高，气喘，呼吸困难。解剖检可见胃肠充满血样液体。脾脏肿大，樱桃红色，肺脏点状出血，有的肺脏及其他脏器有淡绿色或褐色黏稠粪。

14. 兔产气荚膜梭菌（A型）病与兔消化不良的鉴别

［**相似点**］兔产气荚膜梭菌（A型）病与兔消化不良均有精神不振，不食，腹膨大，拉水样粪便，肛门周围和后躯有粪污等症状。

［**不同点**］兔消化不良无传染性，粪中有未消化食物、气泡、黏液，易于治疗，很少死亡。

15. 兔产气荚膜梭菌（A型）病与马铃薯中毒的鉴别

［**相似点**］兔产气荚膜梭菌（A型）病与马铃薯中毒均有黏膜发绀，腹胀，腹泻粪有血。

［**不同点**］马铃薯中毒病因是吃发芽、腐烂的马铃薯或茎叶，表现出流涎、四肢、头颈、阴囊、乳房有疹块。

【防制】

1. 预防措施

（1）加强饲养管理和防疫工作，消除诱发因素　饲喂精料不宜过多，因饲喂含有过高蛋白质的饲料和过多的谷物饲料时，增加了肠道中易发酵的碳水化合物，促进本菌大量增殖，产生毒素，加之淀粉发酵时产生的大量挥发性脂肪酸，促进毒素的吸收。肠道中的毒素被吸收后，除了破坏器官机能外，还和挥发性脂肪酸一样，增加后段肠道血管的渗透压，使血液中的大量水分渗透到肠道中而引起腹泻。因此，用低能量的饲料饲养，腹泻死亡率将下降到5%左右。

（2）加强隔离卫生　搞好环境卫生，少喂高蛋白饲料，兔舍内避免拥挤，注意灭鼠灭蝇；严禁引进病兔。

（3）免疫接种　兔群定期注射魏氏梭菌性肠炎灭活苗，或魏氏梭菌性肠炎类毒素苗。每只兔颈部皮下注射

1毫升，注射后第7天开始产生免疫力，免疫期4～6个月，每年注射2次，能有效地控制本病的发生。仔兔断乳前1周应进行初次预防注射，可提高断乳兔的成活率。

2. 发病后措施

发生疫情后，立即隔离或淘汰病兔。兔笼、兔舍用5%热碱水消毒，病兔分泌物、排泄物等一律焚烧深埋。对尚未表现临诊症状的家兔，可应用对革兰阳性菌有效的药物治疗，并同时进行对症治疗才能收到良好效果，随即应进行疫苗注射。

处方1：病初可用特异性高免血清进行治疗，按兔3～5毫升/千克体重皮下或肌内注射，每天2次，连用2～3天，疗效显著。

处方2：金霉素，每千克饲料加10毫克，或按兔20～40毫克/千克体重肌内注射，每天2次，连用3天。或红霉素，兔20～30毫克/千克体重肌内注射，每天2次，连用3天。卡那霉素，兔20～30毫克/千克体重肌内注射，每天2次，连用3天。在使用抗生素的同时，也可在饲料中加活性炭、维生素B_{12}等辅助药物。

处方3：口服喹乙醇，兔5毫克/千克体重，每天2次，连用3天；注意配合对症治疗，口服食母生（5～8克/只）和胃蛋白酶（1～2克/只），腹腔注射5%葡萄糖生理盐水，可提高疗效。

处方4：黄连100克，黄柏100克，大黄50克（600只左右兔1日用量）。将1日量上述药混合加水适量，微火煎煮过滤为第1液，取药渣加水适量再煎1次过滤为第2液，再将两液混合，任兔自饮，病兔灌服，药渣混入饲料内，每日1剂，连用3

天。本方具有清热解毒、活血散瘀作用。兔群恢复健康后注射疫苗。

处方5：蟾毒注射液（江西制药公司以蟾酥蟾壳为原料制作的产品），肌内注射，每千克活兔体重用药0.1毫升，每天1次，连用2～3天可愈。

十二、兔沙门菌病

兔沙门菌病（兔副伤寒）是由鼠伤寒沙门菌和肠炎沙门菌引起兔的一种消化道传染病。主要表现腹泻、流产和急性死亡，也可呈败血症，对妊娠母兔危害大。

【病原】沙门菌属肠杆菌科，革兰阴性的小杆菌，广泛存在于自然界和动物体内（肠道寄生菌）。本病病原是鼠伤寒沙门杆菌或肠炎沙门杆菌。本菌对外界环境抵抗力较强（对干燥、腐败、日光等有一定抵抗力），但对消毒药物的抵抗力不强，3%来苏尔、5%石灰乳及福尔马林等于几分钟内将其杀死。主要经过消化道感染。

【流行病学】本病长年发生，一般以春、秋季发病较多。发病兔无品种、年龄、性别差异，发病死亡率高达90%以上，尤其以幼兔和妊娠母兔发病率和死亡率最高。本病也是幼兔拉稀死亡的主要原因之一。患兔的粪便中含大量病菌，是主要传染源，野鼠及苍蝇等昆虫是本病的传播者。消化道是主要的传染途径。健康兔通过接触被病菌污染的饲料、饮水、笼具、垫草等途径引起感染。发生此病，一种是健康兔采食被病兔污染的饲料和饮水后引发此病；另一种是健康兔肠道内寄生有本菌，饲养管理不当、卫生条件不好时，兔体抵抗力下降，病原体趁机繁殖，毒力增强引发此病。

【临床症状】 除个别病例因败血症突然死亡外，一般表现为下痢、粪便呈糊状带泡沫，稍有臭味。病兔体温升高至41℃左右，无食欲、精神差、伏卧不起，病程3～10天，绝大多数死亡。部分兔有鼻炎症状。母兔从阴道流出脓样分泌物，怀孕母兔通常发病突然，烦躁不安，减食或废食，饮水增加，体温高至41℃并发生流产。流产的胎儿多数已发育完全，有的皮下水肿，也有的胎儿木乃伊化或腐烂。

【病理变化】 急性病例大多数内脏器官充血、出血，腹腔内有大量渗出液或纤维素性渗出物。腹泻病例可见部分肠黏膜充血、出血、水肿；肠系膜淋巴结肿大；脾脏肿大呈暗红色；部分兔胆囊外表呈乳白色，较坚硬，内为干酪样坏死组织；在圆小囊和蚓突处可见到浆膜下有弥漫性灰白色坏死病灶，其大小由针尖到粟粒大不等。流产母兔的子宫肿大，浆膜和黏膜充血，壁增厚，有化脓性或坏死性炎症，局部黏膜上覆盖一层淡黄色纤维素性脓液，有些病例子宫黏膜出血或溃疡。

【诊断】 一般可用有病变的肝脏、脾脏、死兔心血、肠系膜淋巴结、子宫或阴道分泌物、流产胎儿的内脏器官作为被检材料。有肠炎的病例，可从肠道内容物或排泄物中，直接或增菌后，进行细菌学检查。

【鉴别诊断】

1. 兔沙门菌病（副伤寒病）与兔产气荚膜梭菌（A型）病的鉴别

［**相似点**］兔沙门菌病（副伤寒病）与兔产气荚膜梭菌（A型）病均有腹泻、精神沉郁、厌食、渴欲增加、

很快死亡等临床表现或肠道黏膜脱落、溃疡等病变。

［**不同点**］兔产气荚膜梭菌（A型）病的病原是魏氏梭菌；体温不高，粪稀呈水样，污褐色，有腥臭味；轻摇兔身可听到“咣当咣当”的拍水声；提起患兔，粪水即从肛门流出，当日或次日死亡；剖检胃底部黏膜脱落，有出血斑点和大小不一的黑色溃疡点；心外膜血管怒张，呈树枝状；肝与肾瘀血、变性、质脆；膀胱多有茶色或深蓝色尿液。而兔沙门菌病以幼兔和怀孕母兔的发病率和死亡率最高；病兔以顽固性下痢、粪便稀软、常带有胶冻样黏液、体温升高、消瘦、流产为特征，大多数病例肝脏有散在性或弥漫性针尖大的坏死病灶；革兰染色镜检，兔沙门菌革兰阴性，呈卵圆形的短杆状，具有周鞭毛并常有菌毛，不形成芽孢。

2. 兔沙门菌病（副伤寒病）与大肠杆菌病鉴别

［**相似点**］兔沙门菌病（副伤寒病）与大肠杆菌病均有传染性、精神沉郁、厌食、体温升高、腹泻（粪有黏液）、最急性不显症状即死等临床表现或肠道黏膜脱落、溃疡等病变。

［**不同点**］兔大肠杆菌病病原为大肠杆菌，主要感染1～3月龄的仔幼兔，特别是断奶前后仔兔发病率较高；本病一年四季均可发生，特别在寒冷季节发病率相对较高；病初粪便稀不成形，中后期的症状为拉鼠粪样的粪便，两头尖尖，成串，外包有透明胶冻样黏液的粪球，逐渐转为水样黄粪便，稍带腥臭味，在肛门附近的被毛上黏附着黏液或黄棕色水样稀粪。而兔沙门菌病（副伤寒病）一般以春、秋季发病较多，下痢，粪便呈糊状带

泡沫，恶臭、呈灰白色或浅黄色。剖检兔大肠杆菌病病死兔，胃内有多量液体和少量气体；十二指肠和空肠扩张，充满半透明胶样液体，回肠和结肠内容物细长、两头尖、像大白鼠粪便、外面包有黏稠灰白色胶样分泌物，呈串珠状。胆囊扩张，充满胆汁，黏膜水肿。而兔沙门菌病肠系膜淋巴结肿大，脾脏肿大呈暗红色，部分兔胆囊外表呈乳白色，较坚硬，内为干酪样坏死组织；在圆小囊和蚓突处可见到浆膜下有弥漫性灰白色坏死病灶，其大小由针尖到粟粒大不等。

3. 兔沙门菌病（副伤寒病）与伪结核病鉴别

［**相似点**］兔沙门菌病（副伤寒病）与伪结核病均有精神沉郁，食欲减退，腹泻等临床表现，以及脾脏肿大，肠系膜淋巴结肿大，在圆小囊和蚓突处可见到浆膜下有弥漫性灰白色坏死病灶等病理变化。

［**不同点**］伪结核病是由伪结核耶尔森杆菌引起的兔的一种慢性消耗性传染病，也是一种人畜共患病；多数病兔有化脓性结膜炎，腹部触诊可感到肿大的肠系膜淋巴结和肿硬的蚓突，少数病例呈急性败血经过，呼吸困难；肠系膜淋巴结肿大，有灰白色坏死灶。死于败血症的病兔见全身脏器充血、瘀血和出血；肠壁血管怒张，肌肉呈暗红色；圆小囊肿大，触感较硬，浆膜下有大批针帽大黄白色结节；蚓突浆膜下有无数灰白色乳脂样大的小结节。兔沙门菌病变肝脏出现弥漫性或散在性黄色针尖大小的坏死灶，胆囊胀大，充满胆汁，脾脏肿大1～3倍，大肠内充满黏性粪便，肠壁变薄；将病料接种于麦康凯琼脂培养基，可见光滑、圆形、半透明的灰白

色小菌落；以沙门菌多价血清和“O”因子血清与培养物做凝集试验为阳性，可与伪结核病相区别。

4. 兔沙门菌病（副伤寒病）与李氏杆菌病鉴别

［**相似点**］兔沙门菌病与兔李氏杆菌病均有体温升高，精神沉郁、厌食，母兔流产、从阴道内流出分泌物等临床表现以及胸腹腔积液、淋巴结肿大水肿，肝脏有结节状坏死灶等病理变化。

［**不同点**］李氏杆菌病的病原是李氏杆菌，没有季节性，鼻黏膜发炎，流出浆液性至黏液性分泌物，运动失调；慢性病例主要表现为孕兔流产、死产、子宫炎等。而兔沙门菌病一般以春、秋季发病较多，下痢、粪便呈糊状带泡沫，恶臭、呈灰白色或浅黄色。兔李氏杆菌病淋巴结尤其是肠系膜淋巴结和颈部淋巴结肿大或水肿；胸腔、腹腔和心包内有多量清朗的渗出液；皮下水肿；肺出血性梗死和水肿；肝脏实质有散在或弥漫性针头大的淡黄色或灰白色的坏死点；心肌、肾、脾也有相似的病灶。兔沙门菌病大多数内脏器官充血和有出血斑点，胸、腹腔内有多量浆液或纤维性渗出物，肝脏、脾脏出现针尖大小的坏死病灶，肠壁表面的淋巴结肿大，有些出现坏死，在圆小囊和蚓突处可见到浆膜下有弥漫性灰白色坏死病灶，其大小由针尖到粟粒大不等。

5. 兔沙门菌病（副伤寒病）与野兔热鉴别

［**相似点**］兔沙门菌病（副伤寒病）与野兔热均有传染性，有不显症状即突然死亡、体温升高、沉郁、腹泻等临床表现及淋巴结肿大、脾脏肿大、暗红色，肝脏有小坏死灶等病变。

[**不同点**] 野兔热的病原是土拉杆菌，一般有鼻炎，体表淋巴结肿大、化脓。剖检可见淋巴结肿大，深红色，并有针尖大小坏死灶，肾脏有坏死灶。肺脏充血，有斑驳实变区。

6. 兔沙门菌病（副伤寒病）与泰泽病的鉴别

[**相似点**] 兔沙门菌病（副伤寒病）与泰泽病均有传染性，沉郁、不食、腹泻、粪臭，污肛等临床表现和肠黏膜充血、出血，圆小囊和蚓突有小结节等病变。

[**不同点**] 泰泽病的病原为毛发样芽孢杆菌，粪褐色糊状或水样，1～2天死亡；回肠末端及盲肠、结肠前段黏膜充血、出血；盲肠黏膜粗糙，充满气体和褐色糊状或水样内容物。病区病料涂片，姬姆萨染色或镀银法染色镜检，可见细胞浆内存在毛发样芽孢杆菌。

7. 兔沙门菌病（副伤寒病）与阴道炎的鉴别

[**相似点**] 兔沙门菌病（副伤寒病）与阴道炎均有阴道黏膜充血、肿胀，流脓样分泌物。

[**不同点**] 阴道炎无传染性，不发生腹泻和流产，体温不高。

8. 兔沙门菌病（副伤寒病）与兔衣原体病的鉴别

[**相似点**] 兔沙门菌病（副伤寒病）与兔衣原体病均有传染性，体温高（40℃）、沉郁、不食，孕兔流产。流产胎儿体弱，皮下水肿，很快死亡。

[**不同点**] 兔衣原体病病原为衣原体，后肢瘫痪，多见于第二胎，头胎和第三胎也有发生。流产后1～2天死亡。可见气管、支气管弥漫性出血。病料涂片，姬姆萨染色，可见针尖大原生小体。

9. 兔沙门菌病（副伤寒病）与肠源性毒血症的鉴别

［**相似点**］兔沙门菌病（副伤寒病）与肠源性毒血症均有幼兔发病，急剧腹泻等特点。

［**不同点**］肠源性毒血症病因是肠内有大量毒素，发病12～14小时死亡。剖检可见胃内有水，盲肠黏膜脱落，浆膜有出血点，内有绿黑色水样液，淋巴结有坏死点。

【防制】

1. 预防措施

（1）加强饲养管理　兔场应与其他畜场分隔开；兔场要做好灭蝇、灭鼠工作，经常用2%火碱或3%来苏尔消毒。搞好饲养管理和环境卫生，消除各种应激因素，可减少本病的发生；兔场要进行定期检疫，淘汰感染兔。引进的种兔要进行隔离观察，淘汰感染兔、带菌兔，建立健康的兔群。

（2）疫苗免疫　对怀孕初期的母兔可注射鼠伤寒沙门菌灭活苗，每次颈部皮下或肌内注射1毫升，每年注射2次。

2. 发病后措施

发病兔、病死兔应及时治疗、淘汰或销毁，并进行药物治疗。

*处方*1：链霉素，肌内注射，每次10万单位，每天2次，连用3天。或庆大霉素，肌内注射，每千克体重2万国际单位，每天2次，连用3～4天。也可用四环素、土霉素、环丙沙星、恩诺沙星等进行治疗。

*处方*2：磺胺二甲嘧啶，口服，兔100～200毫克/千克体

重，每天1次，连用3～5天。痢特灵，兔5～10毫克/千克体重，口服，每天2次，连用3天。

处方3：大蒜，取1份大蒜捣碎后，加5份水，调成汁，每只兔服5毫升，每天2～3次，连用5天，效果较好。

处方4：板蓝根、火炭母、番桃叶各15克，水煎灌服，每次15毫升，每天2次。

处方5：大青叶、白头翁、白背叶各10克，板蓝根、一点红各12克，紫茉莉、五加皮、鸡冠花各15克，紫背金牛、独脚金各10克，水煎灌服，每次15毫升，每天2次。

处方6：大叶桉、番桃叶各12克，火炭母、白背叶各15克，水煎灌服，每次10毫升，每天2次（方解：大叶桉有芳香化浊、清热利湿的功效；番桃叶可消食、收敛、止泻；火炭母、白背叶有清热利湿，消除阴道脓性分泌物的功效）。

加减法：高热者，加板蓝根、一点红各适量。阴道脓性液流出多者，加紫茉莉、五指牛奶根、鸡冠花各适量。食欲差者，加紫背金牛、独脚金各适量。

处方7：黄连3克，黄芩、黄柏各6克，水煎灌服，每次10毫升，每天3次。

十三、兔葡萄球菌病

兔葡萄球菌病是一种常见的兔病。由金黄色葡萄球菌引起，其特征为在各种器官中形成化脓性炎症病灶。根据不同发病部位，可有乳腺炎、局部脓肿和鼻炎等临床表现。当发生菌血症时，可引起败血症，并可能转移至内脏，引起脓毒血症，在幼兔称为脓毒败血症，在成年兔称为转移性脓毒血症。这些疾病的发展取于病变过程的局限化和家兔的年龄。

【病原】金黄色葡萄球菌，它在自然界中分布很广，如在空气、水、尘土和各种物体表面以及人、畜体的皮肤、毛发和爪甲缝中都有大量存在，尤在肮脏潮湿的地方特别多。在正常情况下，一般不会致病。但当皮肤、黏膜有损伤时，便可乘机侵入造成危害。

金黄色葡萄球菌对家兔的致病力特别强大，它能产生很高效价的凝固酶、溶血素、杀白细胞素等8种有毒物质。这些毒素成为发生炎症过程的原因。葡萄球菌能够从原发病变的病灶进入其他部位。

葡萄球菌对外界环境因素（高温、冷冻、干燥等）的抵抗力较强。在干燥脓汁中能存活2～3个月之久，经过反复冰冻30次，仍不死亡。在60℃的湿热中，可耐受30～60分钟，煮沸则迅速死亡。3%～5%石炭酸在3～15分钟内能杀死本菌；70%酒精数分钟内致本菌死亡。葡萄球菌对苯胺类染料如龙胆紫、结晶紫等都很敏感。

【流行病学】家兔是对金黄色葡萄球菌最敏感的一种动物。通过各种不同途径都可能发生感染，尤其是皮肤、黏膜的损伤，哺乳母兔的乳头口是葡萄球菌进入机体的重要门户。例如，通过飞沫经上呼吸道感染时，可引起上呼吸道炎症和鼻炎；通过表皮擦伤或毛囊、汗腺而引起皮肤感染时，可发生局部炎症，并可导致转移性脓毒血症；通过哺乳母兔的乳头口以及乳房损伤感染时，可患乳腺炎；仔兔吮了含本菌的乳汁，可得黄尿病、败血症等。

【临床症状】根据病菌侵入的部位和继续扩散的情况

不同，可表现多种不同的症状。

1. 转移性脓毒血症

在头、颈、背、腿等部位的皮下或肌肉、内脏器官形成一个或几个脓肿。一般脓肿常被结缔组织包围形成囊状，手摸时感到柔软而有弹性。脓肿的大小不一，一般有豌豆至鸡蛋大。患有皮下脓肿的病兔，一般精神和食欲不受到影响。内脏器官形成脓肿时，患部器官的生理机能受到影响。皮下脓肿经 1～2 个月后可能自行破裂，流出浓稠、乳白色酪状或乳油样的脓液。脓肿溃破后，伤口经久不愈。由伤口流出的脓液，沾污并刺激皮肤，引起家兔的瘙痒而损伤皮肤，脓液中的葡萄球菌又侵入抓伤处，或通过血液转移到别的部位形成新的脓肿。当脓肿向内破口时，即发生昏性感染，呈现脓毒血症，病兔迅速死亡。

2. 仔兔脓毒败血症

仔兔生后 2～6 天，在多处皮肤，尤其是腹部、胸部、颈、颌和腿部内侧的皮肤引起炎症。这些部位出现粟粒大、白色的脓疱。多数病例于 2～5 天内呈败血症死亡。较大的乳兔在 10～21 日龄患病，可在上述部位皮肤上出现黄豆至蚕豆大脓疱高出于皮表，病程较长，最后消瘦死亡。幸而不死的患兔，脓疱慢慢变干，逐渐消失而痊愈。

3. 乳腺炎

哺乳母兔由于乳头或乳房的皮肤受到污染或破损金黄色葡萄球菌侵入后引起乳腺炎症。哺乳母兔患病后，体温升高，急性乳腺炎时，乳房呈紫红或蓝紫色。慢性

乳腺炎初期，乳房局部发硬，然后逐渐增大。随着病程的发展，在乳房面或深层形成脓肿。旧的脓肿结痂治愈，新的脓肿又形成。乳房和腹部皮下结缔组织化脓，脓汁呈乳白色或淡黄色乳油状。

4. 脚皮炎

在兔脚掌心的表皮上，开始出现充血、发红、稍微隆起和脱毛，继而出现脓肿，以后形成大小不一、经久不愈的出血溃疡面。病兔的脚不愿移动，很小心地换脚休息。食欲减退，消瘦。

5. 仔兔黄尿病（又称仔兔急性肠炎）

仔兔吃了患乳腺炎母兔汁而引起急性肠炎。一般全窝发病，仔兔肛门四周和后肢被毛潮湿、腥臭，患兔昏睡，全身发软，病程 2～3 天，死亡率高。发生无季节性，主要发生在产仔季节。

6. 鼻炎

患兔鼻腔流出大量的浆液至脓性分泌物，在鼻孔周围干结成痂。呼吸常发生困难，打喷嚏。患兔常用前爪摩擦鼻部，使鼻部周围被毛脱落，前脚掌部也脱毛擦伤，常导致脚皮炎的发生。患鼻炎的家兔易引起肺脓肿、肺炎和胸膜炎。

【病理变化】根据病菌侵入的部位和继续扩散的情况不同，有多种临床表现，也有多种不同的病理变化。

转移性脓毒血症的病变是病兔或死兔的皮下、心脏、肺、肝、脾等内脏器官以及睾丸和关节均有脓肿。在多数情况下，内脏脓肿常有结缔组织构成的包膜，脓汁呈乳白色乳油状。有些病例引起骨膜炎、脊髓炎、心包炎、胸膜炎和腹膜炎。

仔兔脓毒败血症的病变是患部的皮肤和皮下出现小脓疱为最明显的变化。脓汁呈乳白色油状物是典型的病变。在多数病例的肺和心脏上有很多白色脓疱。

脚皮炎的病变是发生全身性感染，呈败血病症状，病兔很快死亡；仔兔黄尿病肠黏膜（尤其是小肠）充血、出血，肠腔充满黏液。膀胱极度扩张并充满黄色尿液。

鼻炎的病变是鼻黏膜充血，鼻腔有大量浆液至脓性的分泌物。鼻窦黏膜充血，内积脓。有些病例有肺脓肿、肺炎和胸膜炎变化。

【诊断】 根据本病的各种病型都有一定的特征性症状和病理变化，可以作出初步诊断。确诊必须根据涂片镜检、病原菌分离及鉴定。如菌落呈金黄色，在鲜血琼脂上溶血，能发酵甘露醇和凝血浆酶阳性，为金黄色葡萄球菌。

【鉴别诊断】

1. 兔葡萄球菌病与兔黏液瘤病的鉴别诊断

［**相似点**］兔葡萄球菌病与兔黏液瘤病均有传染性，皮下发生肿胀。

［**不同点**］兔黏液瘤病的病原为黏液瘤病毒，体温42℃，眼睑肿胀，有脓性分泌物；口、鼻、颌下、耳、肛门、外生殖器黏膜皮肤交界处发生水肿，内容物为黏液；头部水肿，皮肤起皱如狮子头。内脏充血、出血，无脓液。病变组织触片或切片，姬姆萨染色镜检，可见紫色的细胞浆包涵体。

2. 兔葡萄球菌病与兔螺旋体病的鉴别诊断

[**相似点**] 兔葡萄球菌病（生殖器炎）与兔螺旋体病均有传染性，阴户周围有溃烂、渗出、结痂。

[**不同点**] 兔螺旋体病的病原为螺旋体，皮肤发红、水肿，形成粟粒大结节或水疱，随后面颊、鼻周也引起脱毛，局部黏液涂片镜检，暗视野可见螺旋体。

3. 兔葡萄球菌病与兔波氏杆菌病的鉴别诊断

[**相似点**] 兔葡萄球菌病与兔波氏杆菌病均有传染性，流黏液性脓性鼻液，病原体进入血流易得败血症。剖检可见肺脏、肝脏有脓疱。

[**不同点**] 兔波氏杆菌病的病原为波氏杆菌。支气管肺炎时有咳嗽、喷嚏。剖检可见肺脏、肝脏有大小不等的脓疱，胸腔积脓。不发生脚皮炎、生殖器炎、乳腺炎。血清凝集反应呈阳性。

4. 兔葡萄球菌病与兔棒状杆菌病的鉴别诊断

[**相似点**] 兔葡萄球菌病与兔棒状杆菌病均有传染性，皮下发生脓肿。剖检可见肺脏、肾脏出现小脓肿。

[**不同点**] 兔棒状杆菌病的病原为棒状杆菌，有变形性关节炎；剖检仅肺、肾脏出现小脓肿；以脓液涂片镜检，可见革兰阳性，多形态、一端棒状的大杆菌。

5. 兔葡萄球菌病与脓肿的鉴别诊断

[**相似点**] 兔葡萄球菌病与脓肿均有皮肤有脓肿，初硬，后有波动，穿刺有脓液流出等症状。

[**不同点**] 脓肿多因皮肤感染而发病，无传染性。剖检可见内脏无脓肿。

6. 兔葡萄球菌病与脚垫和脚皮炎的鉴别诊断

［**相似点**］兔葡萄球菌病与脚垫和脚皮炎均有脚皮发炎和发生溃疡等症状。

［**不同点**］脚垫和脚皮炎是因脚部皮肤磨损经潮湿浸渍发病，无传染性，体表及内脏不发生脓肿。

7. 兔葡萄球菌病与乳腺炎的鉴别诊断

［**相似点**］兔葡萄球菌病与乳腺炎均有乳房较硬，由红变紫，体温高（40～41℃），减食，乳中含脓液等症状。

［**不同点**］乳腺炎无传染性，体表及内脏不发生脓肿。

【防制】

1. 预防措施

兔笼、运动场要保持清洁卫生，清除一切锋利的物品。笼内不能太挤，将性情暴躁好斗的兔子分开饲养。产箱要用柔软、光滑、干燥而清洁的绒毛或兔毛铺垫。产仔前后，可根据情况适当减少优质的精料和多汁饲料，以防产仔后几天内乳汁过多过浓，断乳前减少母兔的多汁饲料，也可以减少或不致发生乳腺炎。不要让仔兔吃患有乳腺炎母兔的乳汁。可用葡萄球菌病灭活菌苗进行预防注射，每年 2 次。

2. 发病后措施

患病兔场，对健康兔可采用金黄色葡萄球菌培养液制成菌皮下注射 1 毫升，可预防或减少此病的发生；葡萄球菌易产生耐药性，有条件最好分离细菌做药敏试验，选择最敏感的药物进行治疗。

（1）仔兔黄尿病　防止母兔乳腺炎的发生是预防本

病的关键。如发现母兔患有乳腺炎，应立即隔离治疗，停止仔兔吮乳，将仔兔寄养给其他健康兔或人工喂养。仔兔患病初期可药物治疗。

处方1：青霉素，肌注，每兔5000～10000单位，每日2次，连续数日。中后期患兔无治疗效果。母兔肌注青霉素，每兔10万单位，每日2次，连续3日。

处方2：积雪草、狗尾草、车前草、犁头草，可喂给母兔。

处方3：黄连素针剂，仔兔内服，每天1支，分2次服。

处方4：马齿苋50克，水煎灌服，母兔每次6毫升，每天2次，仔兔每次1毫升，每天2次。用注射器抽取药液，拔去针头，喷射到仔兔嘴里，使其慢慢吞下。

处方5：大黄5克，黄柏3克，水煎灌服，母兔每次6毫升，每天2次，仔兔每次1毫升，每天2次。

处方6：茶叶30克，生姜15克，共研细末，每次灌服1克，每天3次，温开水灌服。

（2）兔脓毒败血症

处方1：对体表脓肿病兔每日用5%龙胆紫酒精溶液涂擦，全身治疗可肌内注射青霉素，也可用金霉素、四环素治疗。

处方2：香茶菜全草10克，金荞麦5克，甘草1克，水煎灌服，母兔每次10毫升，每天3次（治疗仔兔脓毒血症）。

处方3：金银花、蒲公英、紫花地丁各5克，赤芍、当归尾各6克，甘草1克，水煎灌服，母兔每次10毫升，每天2次（治疗仔兔脓毒血症）。

处方4：雄黄、硫黄、大黄各5克，黄连2克，共研末，麻油调匀外敷（转移性脓毒败血症）。

处方5：紫花地丁、蒲公英、金银花各10克，白菊花、紫背天葵子各5克，水煎灌服，每次10毫升，每天2次（转移性脓毒败血症）。

处方6：甘草、薏米各10克，苦参12克，加水750毫升，煮沸至500毫升，冷却后，每天冲洗患处3～4次，每次15分钟（转移性脓毒败血症）。

处方7：大黄、黄柏各5克，研末，再加红糖2克，香油调匀外敷（转移性脓毒败血症）。

（3）皮下脓肿、脚部皮炎

处方1：用外科手术排脓和清除坏死组织，患部用3%结晶紫石炭酸溶液或5%龙胆紫酒精溶液涂擦，并应结合青霉素局部治疗。

处方2：0.2%醋酸铅、15%氧化锌软膏或土霉素软膏、5%龙胆紫溶液。先用0.2%醋酸铅溶液冲洗患部，清除坏死组织，并涂擦15%氧化锌软膏或土霉素软膏。当溃疡开始愈合时，可涂擦5%龙胆紫溶液。

处方3：硫黄膏（硫黄50克研成末，混入柴油调成膏状）。用温水清洗患部皮肤后，用硫黄膏涂患部，每天2次。

处方4：酒蒜汁（酒蒜法）。大蒜0.25千克捣碎，用烧酒0.5千克浸泡数日，挤汁，涂患部，如果化脓，可先将排净脓汁。每天1次，连续10天左右可愈。

处方5：紫草10克，松香10克，血余炭8克，猪油40克，黄醋20克。将前三味药共研成粉，再将猪油加热融化，趁热加入黄醋，搅匀，待温后加入药粉搅匀，先以酒洗净患处，将药膏敷患处，用胶布固定。

处方6：煤油0.1千克，白酒400毫升，敌百虫5片研末，大蒜汁0.1千克。浸泡摇匀后擦患蹄。

（4）鼻炎　防止兔子伤风感冒，应用青霉素滴鼻或用恩诺沙星治疗。

十四、野兔热（土拉杆菌病）

野兔热是一种广泛分布于啮齿动物中的传染病，也能传染给兔、其他家畜和人。其特征为体温升高，肝、脾脏、淋巴结肿大、充血和多发性灶性坏死或粟粒状坏死。淋巴结肿大并有针头大干酪样坏死病灶。

【病原】该病原首先从美国加利福尼亚州的土拉伦斯地方陶地松鼠中分离出病菌，故称为土拉伦斯杆菌。土拉热弗朗西菌为弗朗西斯菌属成员。革兰染色后，本菌呈现为非常细小的小点状革兰阴性杆菌。在病料中可以看到荚膜，在患病动物的血液内近似球形，在培养基内则有球杆状或丝状，两极着色。本菌在外界环境中抵抗力较强。在动物尸体中室温下可生存40天，在禽类脏器中为26～40天，4℃时生存5个半月以上。在病兽毛中能生存35～45天，在织物上72天，在谷物上23天。对热与化学药物敏感，56℃经30分钟可死亡，煮沸立即死亡。在直射日光下经30分钟死亡。一般消毒药物都能很快将其杀死。

【流行病学】在自然界中，啮齿类是本菌的主要携带者，是家畜和人的主要传染源。本病在许多国家都有发生，主要发生在北半球。自1957年以来，我国的内蒙古、西藏、黑龙江、青海、新疆等地有本病的发生，常呈地方性流行。特别当兔群抵抗力降低时易引起大流行，造成严重的损失，疾病可从消化道、呼吸道、伤口、完整的皮肤和黏膜传入而发生感染。细菌通过排泄物污染饲料、水源和用具，吸血节肢动物如螨、蜱、蝇、蚤、蚊和虱也能进行传播。本菌可在一些吸血节肢动物体内增殖，通过叮咬或分泌物感染家兔。这种传播方式使本病可以从患病动物传染给健康动物，也可以传染给人。一般人的感染通常是与病兔直接接触所致。

【临床症状】

1. 急性型

不表现临床症状，仅有个别的病例于死前表现精神萎靡，食欲不振，运动失调。2～3 天内呈急性败血症而死亡。

2. 慢性型

发生鼻炎，鼻腔流出脓性分泌物，体温升高 1～1.5℃。呈高度消瘦。淋巴结、尤其是体表淋巴结（颌下、颈下和腋下）肿胀发硬。最后衰竭而死亡。

【病理变化】根据病程长短而有些不同。急性死亡的病兔呈败血症的病理变化，并伴有下述特征性病变：病程较长的病兔，淋巴结显著肿大，呈深红色，可能有针尖大的灰白色干酪样的坏死点；脾脏肿大，呈深红色，色泽发暗，表面和切面有灰白色或乳白色的粟粒至豌豆大的坏死点；肝脏肿大，并有多发性灶性坏死或粟粒状坏死病灶；肾肿大，并有灰白色粟粒大的坏死点，肺充血并含有块状的实变区。骨髓也可能有坏死病灶。

【诊断】根据病理变化和细菌学检查可作出诊断。进行细菌学诊断，采取病变淋巴结、肝、脾作 1∶（5～10）稀释，豚鼠皮下或腹腔注射 0.5～1.0 毫升，一般于 4～10 天死亡。剖检病变与病兔相同，从病变组织中可分离到土拉伦斯杆菌。如第 1 次不能得到纯培养，还须

再进行2或3次的豚鼠培养可以确诊。

【鉴别诊断】

1. 野兔热与伪结核病的鉴别

［**相似点**］野兔热与伪结核病均表现体温升高、精神萎靡、食欲不振、消瘦等临床表现以及内脏器官有点状白色病灶等病变。

［**不同点**］兔伪结核病是由伪结核耶尔森菌引起的兔的一种慢性消耗性传染病，主要病变在盲肠蚓突和圆囊浆膜下有乳脂样结节，有的病例脾脏也有结节，结节内容物为灰白色乳脂样物（病灶起初是由组织细胞和淋巴细胞构成的，后来则以白细胞为主，因此，病灶和脓肿相似；而结节发生和发展要比结核病快得多，在病的早期即行酪化，因此，最小的结节呈白色，较大的则软化成乳脂状团块，常被结缔组织的包膜所包围）；脾肿大，较正常大约5倍，有慢性下痢症状；如将病料培养于麦康凯琼脂培养基上，生长者为伪结核耶尔森杆菌。伪结核耶尔森杆菌为革兰阴性，是不抗酸的杆菌。野兔热以体温升高、衰竭、麻痹和淋巴结、脾、肝肿大为主，病变集中于淋巴结等实质器官，如颌下、颈下、腋下和腹股沟等体表淋巴结肿大，鼻腔黏膜发炎。脾、肝肿大充血，上有点状白色病灶，肺充血、肝变。

2. 野兔热与李氏杆菌病的鉴别

［**相似点**］野兔热与李氏杆菌病均有体温升高、精神委顿、食欲不振、鼻腔黏膜发炎、运动失调等临床表现及内脏器官白色坏死灶等病理变化。

［**不同点**］李氏杆菌病的病原是李氏杆菌。李氏杆菌

灰白色坏死灶主要位于肝、心、肾，同时有脑炎、流产、单核细胞增多等临诊变化。野兔热以淋巴结、脾、肝肿大为主，病变集中于淋巴结等实质器官，如颌下、颈下、腋下和腹股沟等体表淋巴结肿大，鼻腔黏膜发炎；脾、肝肿大充血，上有点状白色病灶，肺充血、肝变。

3. 野兔热与兔沙门菌病的鉴别

［**相似点**］野兔热与兔沙门菌病均有传染性，最急性不显症状即突然死亡。有体温升高、沉郁、腹泻等临床表现及淋巴结肿大、脾脏肿大、暗红色，肝脏有小坏死灶等病变。

［**不同点**］兔沙门菌病的病原为沙门菌；母兔阴户流脓性分泌物，流产；剖检可见肠黏膜充血、出血，部分肠黏膜有许多粟粒大淡灰色小结节；淋巴结水肿。

4. 野兔热与兔黏液瘤病的鉴别

［**相似点**］野兔热与兔黏液瘤病均有传染性，皮下有肿胀，体温升高（42℃）。

［**不同点**］兔黏液瘤病的病原为黏液瘤病毒，眼睑肿胀，有脓性分泌物，口、鼻颌下、肛门、外生殖器黏膜皮肤交界处发生肿瘤，内容物含黏液，内脏出血。

5. 野兔热与兔棒状杆菌病的鉴别

［**相似点**］野兔热与兔棒状杆菌病均有传染性，皮下脓肿。

［**不同点**］兔棒状杆菌病病原是棒状杆菌，有变形关节炎；剖检可见肺脏、肾脏有小脓肿；病料新鲜血琼脂培养呈细小β或α溶血。

6. 野兔热与脓肿的鉴别

［**相似点**］野兔热与脓肿体表均有肿胀、化脓。

［**不同点**］脓肿是因感染或皮注药物而发病，无传染性，化脓不在体表淋巴结，剖检可见肺脏、肾脏无坏死灶。

7. 野兔热与连续多头蚴病的鉴别

［**相似点**］野兔热与连续多头蚴在颈、股等处有肿胀。

［**不同点**］连续多头蚴病的病原为连续多头蚴，在咬肌、股、肩、背、颈部肌肉中有樱桃大至核桃大肿胀，可移动；剖检可见肌肉中有囊泡。

【防制】

1. 预防措施

① 坚持自繁自养，严禁引进兔源，无病兔场防止本病传染在引进兔时应进行隔离饲养观察和血清凝集试验检查，阴性能进入兔场。尤其是严禁从疫区输入家兔。

② 消灭鼠类和节肢动物以及内寄生虫，防止野兔进入饲养场。

③ 若是发现可疑兔时，应立即扑杀处理，彻底消毒一切用具。并应用凝集反应普查带菌兔群，消灭带菌兔。可疑病兔的皮张用消毒液消毒，干燥 30 天后才可供生产用。剖检时事先将家兔浸入消毒药水 15～20 分钟，以杀灭体表的寄生虫并注意个人消毒。病兔应立即扑杀、销毁，肉、皮、毛不可利用，可疑的病兔肉要充分煮熟，以防止传染给人。

2. 发病后的措施

（1）管理　发现病兔要及时隔离治疗，没有治疗效果的进行扑杀处理。尸体及分泌物和排泄物深埋或焚烧，并进行彻底消毒。

（2）药物治疗

处方1：链霉素效果较好，每只肌注10万单位，每日2次，连用3天。或卡那霉素，每兔每次0.2～0.4克，肌内注射，每日2次。或庆大霉素每兔每次1万～2万单位，肌内注射，每日2次。或甲枫霉素，每千克体重20～40毫克，肌内注射，每日2次，连用3～4天。或卡那霉素，每千克体重10～20毫克，肌内注射，每日2次，连用4天（也可用红霉素、四环素、金霉素、肌内注射或口服片剂，各种药物均应早期治疗，后期治疗效果不佳）。

处方2：雄黄2克，黄柏4克，青黛2克。共研细末，麻油调涂患处。

处方3：紫花地丁、夏枯草各10克，连翘、金银花各5克。水煎灌服，每次15毫升，每天3次。

处方4：蒲公英、白菊米各20克，桔梗10克，甘草5克。水煎灌服，每次5毫升，每天2次。

处方5：乌梢蛇（去头、去皮）。焙干研末，加一些蜜，以水化开，每次1克，每天2～3次。

处方6：蝗虫（去翅、去足）。焙干研末，以温水灌服，每次1克，每天2～3次。

十五、兔坏死杆菌病

兔坏死杆菌病是由坏死杆菌引起的以皮肤和皮下组织（尤其是面部、颈部和舌、口腔黏膜）的坏死、溃疡

以及脓肿为特征的散发性传染病。

【病原】 坏死杆菌为一种不运动、不形成芽孢、多形态的革兰阴性杆菌。在病灶中和新分离的细菌，呈长丝状，内含有圆珠状物。经多次培养后才成为长的杆菌。用石炭酸复红和姬姆萨染色法能很好地着色，较短的杆菌虽然着色均匀，但长成菌丝的杆菌着色不一致。必须在厌氧条件下增殖，培养基中加血液、血清或半胱氨酸才适合细菌的生长，且生长很慢，3～5 天才能形成直径 2～3 微米、表面条纹半透明的菌落。在鲜血琼脂上，菌落周围发生溶血晕。培养物常发出恶臭气味。在病灶中常与其他细菌同时存在，初次分离比较困难。本菌广泛存在于自然界，抵抗力不强，60℃ 30 分钟可被杀灭。5%来苏尔 10～15 分钟，2.5%甲醛 10～15 分钟，5%石炭酸 2 分钟，可杀死本菌。

【流行病学】 坏死杆菌广泛分布于自然界，并能存活较长时间。被病畜和病兔的分泌物、排泄物污染的外界环境成为主要传染来源。传染途径主要通过口腔黏膜，以及损伤的皮肤和消化道。在肠黏膜发生轻微损伤的条件下，细菌从肠黏膜进入血流，至其他部位的器官造成损害。幼兔比成年兔易感性高。

【临床症状】 病兔停止摄食，流涎。一种病型是在唇部、口腔黏膜和齿龈等处发生坚硬的肿块，以后坏死。肿块也常发生于颈部的髯以至胸部，经 2～3 周后死亡。另一种病型是在腿部和四肢关节或颌下、颈部、面部以至胸前等处的皮下组织发生坏死性炎症，形成脓肿、溃疡，并可侵入内部的肌肉和其他组织。病灶破溃后发出恶臭。发病过程长达数周到数月。病兔体温升高，体重减轻，最后衰弱或死亡。

【病理变化】口腔黏膜、齿龈、舌面、颈部和胸前皮下肌肉坏死。淋巴结、尤其是颌下淋巴结肿大，并有干酪样坏死病灶。许多病例在肝、脾、肺等处见有坏死灶和胸膜炎、心包炎。后腿有深层溃疡的病变。有些病例多处有皮下脓肿，内含黏稠的化脓性或干酪样物，在病变部可见到血栓性静脉炎栓塞的变化。坏死组织具有特殊臭味。在组织切片上可见到坏死杆菌，在病变与健康组织之间的境界线上，细菌呈特殊的分布。

【诊断】根据患病的部位、组织坏死的特殊变化和臭虫味等可以作出初步诊断。确诊必须做细菌学检查和动物接种试验。结合静脉注射坏死杆菌培养物，常因血管出血和栓塞而死亡。在肺、肝及脑髓出现坏死病变。皮下注射第8～20天死亡，可见到注射部位发生坏死。

【鉴别诊断】

1. 兔坏死杆菌病与兔真菌性肺炎的鉴别

［**相似点**］兔坏死杆菌病与兔真菌性肺炎均有肺脏的结节。

［**不同点**］真菌性肺炎的病原是烟曲霉菌，结节病变主要在肺脏。兔坏死杆菌病是以皮肤和皮下组织的坏死、溃疡以及形成脓肿为特征的散发性传染病；除有肺脏的坏死病变外，在口腔、皮下、肌肉、肝、脾脏均可出现坏死的病变，淋巴结肿大；以口腔疾患为最主要特征，开始时病兔停食、流涎，后期体温升高，体重减轻，衰弱，且病程较长。

2. 兔坏死杆菌病与兔葡萄球菌病的鉴别

［**相似点**］兔坏死杆菌病与兔葡萄球菌病均有传染性，体温稍微升高，皮肤有肿胀、破溃，经久不愈。

［**不同点**］兔葡萄球菌病病原为葡萄球菌。患兔皮肤肿胀，多为脓肿，内容物为浓稠白色或干酪样物，剖检可见内脏也有脓疱。

3. 兔坏死杆菌病与兔棒状杆菌病的鉴别

［**相似点**］兔坏死杆菌病与兔棒状杆菌病有传染性，皮下形成脓肿。

［**不同点**］兔棒状杆菌病的病原为棒状杆菌。皮下不形成坏死性炎症和溃疡。有变形性关节炎。剖检可见肺脏、肾脏有小脓肿病灶。用鲜血琼脂培养，菌落呈细小β或α溶血。

4. 兔坏死杆菌病与兔土拉杆菌病的鉴别

［**相似点**］兔坏死杆菌病与兔土拉杆菌病均有传染性，皮下脓肿（体表淋巴结）。

［**不同点**］兔土拉杆菌病病原为土拉杆菌，一般有鼻炎，体温升高，病变集中于淋巴结等实质器官，如颌下、颈下、腋下和腹股沟等体表淋巴结肿大、化脓，严重时腹泻；脾、肝肿大充血，上有点状白色病灶，肺充血、肝变；淋巴结涂片镜检，可见革兰阴性，多形态的小球杆菌。

5. 兔坏死杆菌病与传染性水疱性口炎的鉴别

［**相似点**］兔坏死杆菌病与传染性水疱性口炎均有传染性，口黏膜有溃疡，流涎，恶臭，体温升高，消瘦。

［**不同点**］传染性水疱性口炎的病原是水疱性口炎病

毒，舌尖、口腔、齿龈、硬腭先潮红，后成水疱；疱破糜烂或溃疡，体表皮肤或皮下组织不发生病变。

6. 兔坏死杆菌病与口炎的鉴别

［**相似点**］兔坏死杆菌病与口炎均有口腔发炎，坏死，流涎等症状。

［**不同点**］口炎无传染性，体表皮肤和皮下组织不发生病变。

【防制】

1. 预防措施

加强饲养管理，保持兔舍光线充足、干燥、空气流通、卫生清洁，清除笼内尖锐物，防止损伤皮肤，引进兔要严格检疫；无病兔场应自繁自养；注意合群之后的管理，以减少咬斗。如皮肤已损伤，应加以治疗，以防感染。加强消毒兔笼、用具。

2. 发病后措施

局部治疗，首先彻底除去坏死组织，口腔以 0.1% 高锰酸钾溶液冲洗，然后涂擦碘甘油或 10% 甲枫霉素酒精溶液，每日 2 次。其他部位可用 3% 双氧水或 0.3% 来苏尔液冲洗，然后涂 5% 鱼石脂酒精或鱼石脂软膏。当患部出现溃疡时，在清理创面后，涂擦土霉素软膏或青霉素软膏。全身药物治疗。

处方 1：磺胺二甲嘧啶，每千克体重 0.15～0.2 克肌内注射，每日 2 次，连用 3 天。或青霉素、链霉素每千克体重各 4 万国际单位，肌内注射，每日 2 次，连用 3 天。

处方 2：香茶菜（铁菱角）全草 10 克，金荞麦 5 克，甘草 1 克。水煎灌服，每次 15 毫升，每天 2 次。

处方 3：食醋食盐溶液。用食醋食盐溶液充分洗涤口腔，每天 2～3 次。

处方 4：生绿豆 50 克。研末，每次 10 克，开水冲后，待温灌服，每天 2 次。

处方 5：猪芽皂角 6 克（炙半焦），露蜂房 6 克。共研细末，以炼蜜调，一次灌服 2 克，每天 2 次，以黄酒 1～2 滴为引。

十六、兔链球菌病

本病是由一种溶血性链球菌引起的急性败血症。

【病原】 本病主要是由 C 群卢型溶血链球菌引起的一种败血性传染病。链球菌在病料中成对或成短链或成长链，但不成丛，不成团。无鞭毛，不能运动，无芽孢，偶见有荚膜存在。革兰阳性，但经过培养数日的衰老培养物，亦常染成革兰阴性。生长要求严格，在鲜血培养基上呈露珠状、闪光的小菌落和呈乙型（β 型）溶血，在肉汤培养基中常呈沉淀，在对数生长期的链球菌呈长链状排列。

【流行病学】 许多动物和家兔呼吸道、口腔、咽喉及阴道中常有致病性链球菌存在，因此，带菌家畜以及病兔是主要传染来源，一般经呼吸道传播。病原菌随着分泌物和排泄物污染饲料、用具、空气和水源等，经健康家兔的上呼吸道黏膜或扁桃体而传染。当饲养管理不当、受寒冷或感冒、长途运输等使机体抵抗力降低时，也可诱发本病。一年四季都可发生，但以春、秋两季为多见，主要侵害幼兔。

【临床症状】 患兔精神沉郁，体温升高，食欲废绝，呼吸困难，间歇性腹泻，呈脓毒败血症而死亡。夕型溶血性链球菌也可引起中耳炎，临床表现为歪头、行动滚转等。有的不显任何症状而死亡。

【病理变化】皮下组织呈出血性浆性浸润，脾脏肿胀，出血性肠炎，肠黏膜弥漫性出血，肝和肾脏呈脂肪性变性。心肌出血。心房内积蓄大量血凝块。

【诊断】采取病料组织、化脓灶、呼吸道分泌物等制抹片，革兰染色，镜检可见革兰阳性短链状球菌。以无菌操作接种鲜血培养基上，可见形成圆形、光滑、灰白色的细小菌落，周围形成透明环。必要时可分离细菌做动物实验，进一步验证即可确诊。

【鉴别诊断】

1. 兔链球菌病与肺炎球菌病鉴别

［**相似点**］兔链球菌病与肺炎球菌病均有传染性，精神沉郁，体温升高，食欲废绝，流黏液性脓性鼻液，咳嗽等临床表现及肝脏脂肪变性，脾脏肿大等病变。

［**不同点**］兔肺炎球菌病是由肺炎链球菌所引起兔的一种呼吸道病；咳嗽，流鼻涕及突然死亡。孕兔流产，或产出弱仔，成活率低。母兔产仔率和受孕率下降；有的病兔发生中耳炎，出现恶心、滚转等神经症状；气管黏膜充血、出血，气管内有粉红色黏液和纤维素性渗出物；肺部可见大片出血斑和脓肿，心包炎、心包与胸膜粘连；病料接种于鲜血平皿，菌落形态较扁平，呈绿色溶血（α 溶血）、两端尖的双球菌为肺炎球菌，与溶血性链球菌不同。

2. 兔链球菌病与金黄色葡萄球菌病鉴别

［**相似点**］兔链球菌病与金黄色葡萄球菌病均有传染性，常引起各器官脓灶。

［**不同点**］将脓汁涂片见有革兰阳性葡萄状的球菌，为葡萄球菌，呈短球或链球状为链球菌；将病料接种于鲜血平皿培养基，如菌落大，并呈金黄色为葡萄球菌，而菌落呈细小、半透明、灰白色，为链球菌，可作为重要鉴别依据。

3. 兔链球菌病与魏氏梭菌性肠炎鉴别

［**相似点**］兔链球菌病与魏氏梭菌性肠炎均有传染性。

［**不同点**］兔链球菌病是由溶血性链球菌引起的家兔的疾病，除了呈化脓性炎症和脓毒败血症死亡外，常呈间歇性腹泻；患兔体温升高，呼吸困难，粪便无恶腥臭味等临诊症状与魏氏梭菌性肠炎不同。前者除呼吸系统炎症和化脓灶外，皮下出血性浆液浸润，肠道黏膜呈弥漫性出血，而盲肠浆膜无出血斑等特征性病变与后者完全不同。进一步诊断，可将被检病料作触片或涂片，革兰染色镜检。如革兰阳性链状球菌即为链球菌，而魏氏梭菌病的内脏器官未见细菌，如仅能在肠道内容物中见有较多的革兰阳性大杆菌，即为魏氏梭菌。将病料接种于鲜血琼脂，分别于嗜氧和厌氧环境下培养，如在嗜氧培养基上呈β溶血的小菌落，即为链球菌；如在厌氧培养基上呈双溶血圈的大菌落，即为魏氏梭菌。也可进一步作生化反应加以确诊。

4. 兔链球菌病与兔巴氏杆菌病鉴别

［**相似点**］兔链球菌病与兔巴氏杆菌病均有传染性。沉郁，废食，体温升高（40℃以上），流浆液性鼻液，有时下痢，也有的发生中耳炎，斜颈。共济失调。最急性，不显症状即死亡。剖检可见心外膜出血，肠黏膜充血、出血，胸膜炎。

［**不同点**］兔巴氏杆菌病的病原为巴氏杆菌，亚急性，地方性肺炎，关节炎，结膜炎，睾丸炎，子宫炎，储脓；剖检可见气管有红色泡沫，心内外膜有出血斑，肝脏有坏死灶，内脏有脓肿，肋膜、肺部有纤维素附着；取心血、肝脏、脾脏涂片美蓝染色镜检，可见两极染色的卵圆形小杆菌，革兰阴性。

5. 兔链球菌病与兔李氏杆菌病的鉴别

［**相似点**］兔链球菌病与兔李氏杆菌病均有传染性。沉郁，废食，体温升高（40℃以上），流浆液性鼻液，头偏向一侧，运动失调。

［**不同点**］兔李氏杆菌病的病原为李氏杆菌，亚急性，孕兔流产或胎儿木乃伊；阴户流暗红或棕褐液体；剖检可见胸腹腔、心包积液，颈部、肠淋巴结增大与水肿；病料涂片镜检，可见V形排列的短杆菌。

6. 兔链球菌病与感冒的鉴别

［**相似点**］兔链球菌病与感冒均有体温升高（40℃以上），沉郁，不食，流鼻液，咳嗽等症状。

［**不同点**］感冒是因气候骤变受冷侵袭而病，无传染性，经治疗很快痊愈。

7. 兔链球菌病与肺炎的鉴别

［**相似点**］兔链球菌病与肺炎均有不食，体温升高（40～41℃），流鼻液，咳嗽等症状。

［**不同点**］肺炎是因感冒或天气骤变而发病，无传染性，经治疗很快痊愈。

8. 兔链球菌病与兔波氏杆菌病的鉴别

［**相似点**］兔链球菌病与兔波氏杆菌病均有传染性。流鼻液，咳嗽。

［**不同点**］兔波氏杆菌病的病原为波氏杆菌，仔兔常因鼻液干结堵塞鼻孔呼吸有鼾声。肺炎型张口呼吸，犬坐，日渐消瘦。剖检可见肺部表面凹凸不平，有大小不等脓疱，肝脏有脓疱，胸腔积脓，病料的培养物接种豚鼠、小白鼠48小时呈现肺炎胸膜炎死亡。

【防制】

1. 预防措施

平时加强饲养管理，防止受凉感冒。发现病兔立即隔离治疗，兔舍、兔笼及场地用3%来苏尔液或1/300菌毒敌全面进行消毒，用具用0.2%农乐消毒。未发病兔可用磺胺药物预防，每兔100～200毫克，每日分2次口服，连用5天。用当地分离的链球菌苗制成活菌苗，每只兔肌内注射1毫升，可预防本病的发生与流行。

2. 发病后措施

处方1：青霉素，每千克体重2万～4万单位，肌内注射，每日2次，连续3～4天。或红霉素，每千克体重15毫克，肌内注射，每日2次，连续3天。如发生脓肿，应切开排脓，用2%洗必泰溶液冲洗，涂碘酊或碘仿磺胺粉，每日1次。病初用抗溶血性链球菌高免血清治疗，每千克体重肌内注射2毫升，每日1次，连用2天效果更佳。

处方2：大蒜汁。内服大蒜汁，每天3次，每次1汤匙，连服7天。

处方3：鲜马齿苋50克（干品用6克），大蒜2～3瓣。先将马齿苋洗净，煮熟后，用大蒜拌马齿苋，捣成糊，喂兔。

处方4：苦参3克，白芍2克，木香1.5克。水煎成30毫升灌服，每天1剂，分2次灌服。

十七、泰泽病

兔泰泽病是由毛样芽孢杆菌引起的，以严重下痢、脱水和迅速死亡为特征的急性肠道传染病。

【病原】 病原为毛样芽孢杆菌。毛样芽孢杆菌为细长多样性的非抗酸染色的革兰阴性杆菌，能产生芽孢，能运动。这种细菌对外界环境抵抗力较强，在土壤中可存活1年以上。

【流行病学】 本病死亡率高达95%。由于病原菌在人工培养基上不能生长，在我国报道较少，但实际上在兔、实验用鼠和家畜等都时有发生。多发于秋末至春初。仔兔和成年兔虽均可感染，但主要危害1.5～3月龄的幼兔。主要经过消化道感染。病兔是主要传染源，排出的粪便污染饲料、饮水和垫草，健康兔采食后即可发生感染。病原侵入小肠、盲肠和结肠的黏膜上皮，开始时增殖缓慢，组织损伤甚少，多呈隐性感染。遇有拥挤、过热、运输或饲养管理不良时，即可诱发本病，病菌迅速繁殖，引起肠黏膜和深层组织坏死，出现全身感染，造成组织器官严重损害。

【临床症状】发病急，以严重腹泻为主，多呈绿褐色黏稠粪便。患兔精神沉郁、不食、虚脱并迅速脱水，发病后 12～36 小时内死亡。少数病兔即使耐过也食欲不振，生长停滞。

【病理变化】尸体脱水、消瘦；回肠及盲肠后段、结肠前段的浆膜充血，浆膜下有出血点，盲肠壁水肿增厚，有出血及纤维素性渗出，盲肠和结肠内含有褐色粪水；肝脏肿大，有大量针帽大、灰白色或灰红色的坏死灶；脾脏萎缩，肠系膜淋巴结肿大；部分兔心肌上有灰白色或淡黄色条纹状坏死。

【诊断】本病的剖检病变虽较典型，但须在受害组织的细胞浆中找到毛样芽孢杆菌才可确诊。可取肝脏压片，姬姆萨染色镜检，或取回盲部组织制成匀浆染色镜检。镜下可见蓝色的毛样芽孢杆菌，细长、成簇、成堆或散在排列。

【鉴别诊断】本病病程短，死亡急，有腹泻等症状，在临床易与兔球虫、巴氏杆菌病、沙门菌病和兔大肠杆菌病、兔魏氏梭菌病等疾病相混淆，造成误诊，延误最佳治疗时机。

1. 兔泰泽病与兔球虫病的鉴别诊断

［**相似点**］兔泰泽病与兔球虫病均有精神沉郁、食欲不振、病程短、死亡急、有腹泻等临床症状以及肠道出血，肝肿大、有坏死灶等病理变化。

［**不同点**］兔球虫病是由艾美耳属的多种球虫寄生于兔的小肠或胆管上皮细胞内引起的。兔球虫致死病例多为断乳前后至 3 月龄的幼兔，成年兔一般不死亡。球虫

病患兔体质虚弱，消瘦，可视黏膜苍白，被毛粗乱，末期出现神经症状；小肠内充满气体和大量微红色黏液，肠黏膜充血并有出血点；盲肠浆膜不出血、充血、水肿；肝表面与实质内有白色或淡黄色的结节性病灶，粪便或肠道黏液镜检可见有大量球虫卵囊。兔泰泽病以严重腹泻为主，多呈绿褐色黏稠粪便；盲肠浆膜出血、充血、水肿。肝脏肿大，有大量针帽大、灰白色或灰红色的坏死灶。

2. 兔泰泽病与兔败血型巴氏杆菌病的鉴别诊断

［**相似点**］兔泰泽病与兔败血型巴氏杆菌病均有精神沉郁、食欲不振、病程短、死亡急、有腹泻等临床症状以及肝有坏死灶等病理变化。

［**不同点**］兔败血型巴氏杆菌病的病原是多杀性巴氏杆菌，兔败血型巴氏杆菌病病兔临死前有时会出现腹泻，但主要表现为呼吸急促，体温升高至 40℃以上，鼻腔黏膜充血，流出浆液、脓性分泌物；喉头、气管黏膜充血、出血，有多量红色泡沫；肺严重充血、出血、高度水肿。肝脏变性，有散在的灰白色针头大小的坏死点；镜检有革兰阴性、大小一致的卵圆形小杆菌。兔泰泽病以严重腹泻为主，多呈绿褐色黏稠粪便；盲肠浆膜出血、充血、水肿；肝脏肿大，有大量针帽大、灰白色或灰红色的坏死灶。

3. 兔泰泽病与兔沙门杆菌病的鉴别诊断

［**相似点**］兔泰泽病与兔沙门杆菌病均有有传染性，沉郁，废食，腹泻，粪有臭气，肛周及后肢粪污等临床表现以及肠黏膜充血、出血，蚓突和圆小囊有灰白色小

结节等病理变化。

［**不同点**］兔沙门菌病病原为沙门菌，病兔体温高(41℃左右)，粪乳白色，有泡沫样黏性粪；孕兔流产，阴户流脓样分泌物；流产的胎儿皮下水肿，胸腹腔积液，有纤维素性渗出物，肠黏膜充血、出血，部分黏膜脱落，溃疡面附有黄色凝乳状物；大多数病例肝脏有散在性或弥漫性针头大的坏死病灶，镜检有革兰阴性、散在的卵圆形小杆菌。兔泰泽病以严重腹泻为主，多呈绿褐色黏稠粪便。盲肠浆膜出血、充血、水肿；肝脏肿大，有大量针帽大、灰白色或灰红色的坏死灶。

4. 兔泰泽病与兔大肠杆菌病的鉴别诊断

［**相似点**］兔泰泽病与兔大肠杆菌病均有精神沉郁、食欲不振、病程短、死亡急、严重腹泻等临床症状以及肠道黏膜出血等病理变化。

［**不同点**］兔大肠杆菌病是由致病性大肠杆菌及其毒素引起的；兔大肠杆菌病患兔剧烈腹泻，粪便呈淡黄色至棕色水样稀粪，常带有多量明胶样黏液和一些两头尖的干粪，干粪外面有一层透明胶样物；胃内有多量液体和少量气体，回肠、结肠内容物细长，两头尖，像大白鼠的粪便，外面包有黏稠灰白色胶样分泌物，呈串珠状，肠黏膜充血或有出血点，但盲肠浆膜无出血斑和水肿。兔泰泽病以严重腹泻为主，多呈绿褐色黏稠粪便；盲肠浆膜出血、充血、水肿；肝脏肿大，有大量针帽大、灰白色或灰红色的坏死灶。

5. 兔泰泽病与兔魏氏梭菌病的鉴别诊断

［**相似点**］兔泰泽病与兔魏氏梭菌病均有传染性，精

神沉郁、食欲不振，病程短，死亡急，腹泻，粪污褐色水样，肛周、后肢粪污，1～2天死亡等临床症状以及肠道黏膜出血等病理变化。

［**不同点**］魏氏梭菌病的病原是魏氏梭菌，病兔腹胀，摇晃病兔可听到晃水音，提起患兔粪水从肛门流出，粪有特殊臭味，双耳、四肢发凉；剖检时剖腹即可嗅到特殊腥臭味，胃充满饲料，胃底黏膜脱落，有大小不一的溃疡；盲肠、结肠壁有出血斑，肠内充满气体和黑绿色内容物；心外膜血管怒张，呈树枝状。肝质脆，脾深褐色，膀胱积有茶色尿液；病料用生理盐水制成悬滴，离心后取上清液过滤，注入小鼠腹腔，24小时即死亡，证明肠内有肠毒素存在。兔泰泽病患兔粪便多呈绿褐色黏稠粪便；盲肠浆膜出血、充血、水肿；肝脏肿大，有大量针帽大、灰白色或灰红色的坏死灶。

6. 兔泰泽病与肺炎克雷伯菌病的鉴别

［**相似点**］兔泰泽病与肺炎克雷伯菌病均有传染性，沉郁，废食，排黑色糊状粪，很快死亡等症状。剖检可见肝脏有粟粒大坏死灶，盲肠有黑色糊状稀粪。

［**不同点**］肺炎克雷伯菌病的病原为肺炎克雷伯菌；病兔流水样鼻液，呼吸急促，剖检可见气管、肺脏出血，肺脏大理石样，胃多膨满，小肠、大肠充满气体。通过细菌分类鉴别。

7. 兔泰泽病与消化不良的鉴别

［**相似点**］兔泰泽病与消化不良均有精神不振，不愿采食或废食，剧烈腹泻，排糊状或水样粪，后躯粪污等症状。

［**不同点**］消化不良多因饲料不好，兔舍冷湿而发病，无传染性，常有异嗜，腹胀，呼吸无异常，抓紧治疗能很快痊愈。

8. 兔泰泽病与仔兔轮状病毒症的鉴别诊断

［**相似点**］兔泰泽病与仔兔轮状病毒症均有传染性，精神不振，废食，排褐色粥样或水样粪便，脱水，后肢粪污。剖检可见盲肠扩张，有大量液体内容物。

［**不同点**］仔兔轮状病毒症的病原为轮状病毒。病兔粪呈蛋花汤样，有白色、棕色、灰褐色、浅绿色，恶臭，下痢后3天死亡。用小肠后段内容物离心过滤后，负染色电镜，可见轮状病毒。

9. 兔泰泽病与兔铜绿假单胞菌病的鉴别诊断

［**相似点**］兔泰泽病与兔铜绿假单胞菌病均有传染性，废食，沉郁，排稀粪，常发病24小时死亡等临床表现及小肠黏膜充血病理变化。

［**不同点**］兔铜绿假单胞菌病的病原为铜绿假单胞菌。病兔表现为呼吸困难，气喘，体温升高，剖检可见胃、十二指肠、空肠有血样液体；脾脏肿大，樱桃红色，肺脏深红色，有肝变，并有淡绿色或褐色脓液。取粪、呼吸道液培养分离细菌，可作生化鉴定确诊。

10. 兔泰泽病与肠源性毒血症的鉴别诊断

［**相似点**］兔泰泽病与肠源性毒血症均有急剧腹泻，脱水，很快死亡（12～24小时）等临床表现。

［**不同点**］肠源性毒血症是4～8周龄幼兔因肠内有大量毒素发病，剖检可见胃内有水。盲肠黏膜脱落，浆膜有出血斑点，盲肠内有绿黑色水样液。淋巴结有坏

死灶。

【防制】

1. 严格饲养管理

加强饲养管理，改善环境条件，定期进行消毒，消除各种应激因素；对已知有本病感染的兔群，在有应激因素作用的时间内使用抗生素，可预防本病发生。

2. 发病后措施

隔离或淘汰病兔；兔舍全面消毒，兔排泄物发酵处理或烧毁，防止病原菌扩散；兔发病初期用抗生素治疗有一定效果（在未发病的兔群中用土霉素拌料，连用5天）。

处方1：0.006%～0.01%土霉素饮水，疗效良好。或青霉素，兔2万～4万单位/千克体重，肌内注射，每天2次，连用3～5天。或链霉素，兔20毫克/千克体重，肌内注射，每天2次，连用3～5天（青霉素与链霉素联合使用，效果更明显）。或丁胺卡那霉素肌内注射4万单位/只，1天1次，连用3天。

处方2：红霉素，兔10毫克/千克体重，分2次内服，连用3～5天。或金霉素、四环素，每天2克/千克体重。

处方3：大蒜10克，马齿苋20克，糖适量。大蒜捣烂，马齿苋水煎成药液，冲入蒜泥，过滤得汁，加糖少许，每次10毫升，每天2次。

十八、兔李氏杆菌病

李氏杆菌病（单核白细胞增多症）能侵害多种动物和人。兔感染后以急性败血症死亡为特征，慢性病例以脑膜炎症为特征。有些病例表现为脑脊髓炎和子宫炎。剖检常见坏死性肝炎和心肌炎。

【病原】 李氏杆菌为0.5微米×（1.0～2.0）微米的杆状或球杆状的细菌，无芽孢及荚膜，有周鞭毛，嗜氧型，革兰阳性。单个存底或以“V”字形或并列成对或成小丛。在普通培养基上生长贫瘠，分离时用含有氨基酸和0.5%～1.0%葡萄糖培养基，可长出丰满的菌落，在鲜血琼脂上呈夕型溶血。粗糙型菌株，形成长丝，有时可断裂成杆状。菌落较大而平坦，边缘如齿状，中间如脐状，脆而不易乳化，在肉汤中呈轻度混浊。光滑型菌株，菌落圆形、平坦而黏稠，透明，呈蓝绿色闪光。在人工培养基上进行初次分离有困难。人感染了李氏杆菌，能引起脑膜炎、败血症、习惯性流产、心内膜炎、结膜炎等症状。有O抗原和H抗原，不同的O抗原和H抗原可组合为16个血清型。李氏杆菌对外界抵抗力很强，在土壤内可存活1年，在干草上能活数周至数月，能久经盐腌而不死。在土壤表面于阳光直接照射下存活10～15天，在水中存活5～6天。在室温条件下，1%高锰酸钾30分钟、5%高锰酸钾5分钟可杀死该菌。本菌对新霉素极为敏感。

【流行病学】 李氏杆菌在各种条件下能长期存活，许多种动物和人都可以隐性感染，其中鼠类常为本菌在自然界的储藏库。这些带菌动物的粪便和分泌物污染了饲料、用具和水源之后，就可传染给家兔。某些因素如冬季缺乏青饲料、体内寄生虫病以及沙门杆菌病等降低了机体抵抗力之后，也易发生本病。在自然条件下由消化道、鼻腔、眼结膜、伤口以及吸血昆虫而传染。幼兔比成兔更易感。

【临床症状】潜伏期一般为2～8天或稍长。根据症状可分为急性、亚急性和慢性3型。

急性型：常见于幼兔。患兔一般表现精神委顿，不吃，消瘦，鼻黏膜发炎，流出浆液性至黏液性分泌物。体温升高至40℃以上，经几小时或1～2天内死亡。

亚急性型：精神委顿，不吃，呼吸加快，出现中枢神经机能障碍，如嚼肌痉挛，全身震颤，眼球凸出，转圈，头颈偏向一侧，运动失调等。如侵害子宫，则可发生流产或胎儿干化。一般经4～7天死亡。

慢性型：患兔主要表现为孕兔流产、死产、子宫炎等，分娩前2～3天或稍长发生精神委顿，停食，很快消瘦，流产并从阴道内流出红色或棕褐色的分泌物。有些病例还出现头颈歪斜和运动失调等神经症状。病兔流产后很快康复，但长期不孕，且可从子宫内分离出李氏杆菌。

【病理变化】急性、亚急性型：肝脏实质有散在或弥漫性针头大的淡黄色或灰白色的坏死点。心肌、肾、脾也有相似的病灶。淋巴结、尤其是肠系膜淋巴结和颈部淋巴结肿大或水肿。胸腔、腹腔和心包内有多量清亮的渗出液。皮下水肿。肺出血性梗死和水肿。

慢性型：病变和急性型相似。脾和淋巴结尤其是肠系膜淋巴结和腹股沟淋巴结显著肿大。子宫内积有化脓性渗出物或暗红色的液体。如母兔死亡，子宫内有变形的胎儿，皮肤出血。或有灰白色凝乳块状物，子宫壁可能有坏死病灶和增厚。有神经症状的病例，脑膜和脑组织充血或水肿。病兔常可见到单核白细胞显著增加，可

达白细胞总数的30％～50％之多。

【诊断】 根据临床症状和病理变化可作出初步诊断。确诊必须做细菌学检验和动物接种试验。

1. 细菌学检验

用含有0.5％～1.0％葡萄糖鲜血培养基进行分离培养。生前应从血、脑脊液和阴道渗出物采样培养；死亡后检验应从血液、肝、脾、淋巴结等内脏器官和脑或胎儿采样检查。本菌长成呈β型溶血的小菌落。

2. 动物接种试验

李氏杆菌经腹腔、口腔、皮下或眼结膜滴入感染，引起怀孕母兔严重患病，胎儿变形、流产。有些病例发生死亡。而非妊娠母兔和公兔除接种部位（如眼结膜滴注，感染3天后可见发生结膜炎和角膜炎，于8～10天达到高峰，2～3周后消退）以外，不表现病症，但血象检查，单核白细胞显著增加，并可从子宫和阴道内分离到李氏杆菌。这说明妊娠母兔对李氏杆菌更为敏感，因为子宫可能直接为细菌提供更为适宜的生长繁殖条件。静脉注射感染家兔很敏感，常引起败血症死亡。脑内注射感染，发生典型的嗜神经性疾病。小白鼠经静脉、腹腔感染，一般于2～6天内发生败血症死亡，肝、脾有坏死病灶，并可从肝、脾、肾和血液分离出李氏杆菌。

【鉴别诊断】

1. 兔李氏杆菌病与巴氏杆菌病的鉴别诊断

［**相似点**］兔李氏杆菌病与巴氏杆菌病均有体温升高至40℃以上，精神委顿，流黏液性鼻液，停食等临床表现以及败血型病理变化。

［**不同点**］多杀性巴氏杆菌病（急性型）的病原是多杀性巴氏杆菌；病兔剖检可见鼻黏膜充血，鼻腔有许多黏性、脓性分泌物；喉黏膜、气管黏膜、肺充血、出血，气管有多量红色泡沫；心内外膜有出血斑点状或条纹状，整个心脏外观发黑。肠道黏膜充血和出血。胸腔和腹腔均有淡黄色积液。而死于李氏杆菌病的家兔，剖检见肾、脾和心肌有散在的针尖大、淡黄色或灰白色的坏死灶，胸、腹腔有多量清澈的渗出液。在鲜血琼脂培养基上培养，巴氏杆菌无溶血现象，而李氏杆菌病呈β型溶血，病料涂片革兰染色镜检为革兰阳性多形态杆菌。

2. 兔李氏杆菌病与野兔热的鉴别诊断

［**相似点**］兔李氏杆菌病与野兔热均有体温升高，精神委顿，食欲不振，鼻腔黏膜发炎，运动失调等临床表现及内脏器官白色坏死灶等病理变化。

［**不同点**］野兔热的病原是土拉伦斯杆菌，以淋巴结、脾、肝肿大为主；病变集中于淋巴结等实质器官，如颌下、颈下、腋下和腹股沟等体表淋巴结肿大，鼻腔黏膜发炎；脾、肝肿大充血，上有点状白色病灶，肺充血、肝变。李氏杆菌灰白色坏死灶主要位于肝、心、肾，同时有脑炎、流产、单核细胞增多等临诊变化。

3. 兔李氏杆菌病与兔沙门菌病的鉴别诊断

［**相似点**］兔李氏杆菌病与兔沙门菌病均有体温升高，精神沉郁、厌食，母兔流产、从阴道内流出分泌物等临床表现以及肝脏有结节状坏死灶等病理变化。

［**不同点**］兔沙门菌病的病原是鼠伤寒沙门菌和肠炎沙门菌，一般以春、秋季发病较多，下痢、粪便呈糊状

带泡沫，恶臭、呈灰白色或浅黄色。而兔李氏杆菌病没有季节性，鼻黏膜发炎，流出浆液性至黏液性分泌物，运动失调；慢性病例主要表现为孕兔流产、死产、子宫炎等。兔沙门菌病大多数内脏器官充血和有出血斑点，胸、腹腔内有多量浆液或纤维性渗出物，肝脏、脾脏出现针尖大小的坏死病灶，肠壁表面的淋巴结肿大，有些出现坏死；在圆小囊和蚓突处可见到浆膜下有弥漫性灰白色坏死病灶，其大小由针尖到粟粒大不等。而兔李氏杆菌病淋巴结尤其是肠系膜淋巴结和颈部淋巴结肿大或水肿；胸腔、腹腔和心包内有多量清亮的渗出液；皮下水肿；肺出血性梗死和水肿；肝脏实质有散在或弥漫性针头大的淡黄色或灰白色的坏死点；心肌、肾、脾也有相似的病灶。

【防制】

1. 预防措施

严格执行兽医卫生防疫制度，搞好环境卫生。正确处理粪便，消灭鼠类。管好饲草、饲料、水源，防止污染，饮用漂白粉消毒过的水。防止野兔及其他畜禽进入兔场。引进种兔要隔离观察。发现病兔要立即隔离治疗，无治疗效果者坚决淘汰。兔笼、用具及场地进行全面消毒，死亡兔要深埋或烧毁。对有病史的兔场和长期不孕的家兔，可采用血液检查，因为单核白细胞的变动是李氏杆菌病隐性传染的结果。

由于李氏杆菌对人具有感染性，在剖检病兔和可疑病兔时，必须注意防护，工作完毕后双手用药水消毒。

2. 发病后措施

本病的早期选择抗生素或磺胺类药物治疗有一定的效果。病兔也可用中药治疗。

处方 1：青霉素，每千克体重 2 万～4 万国际单位，肌内注射，每日 2 次，连用 3～4 天；或庆大霉素，每千克体重 1 万～2 万国际单位，肌内注射，每日 2 次，连用 3～4 天（也可用新霉素、四环素、金霉素、磺胺嘧啶等都能有效地控制本病的发生与流行）。

处方 2：金银花藤、栀子根、野菊花、茵陈、钩藤根、车前草各 3 克。水煎内服，每天 2 次，每次 30 毫升，连用 2～3 天。

处方 3：野菊花、白背叶、鸡冠花各 12 克。水煎灌服，每次 15 毫升，每天 2 次（适用于子宫炎）。

处方 4：蒲公英、地丁、丹参各 15 克。水煎灌服，每次 10 毫升，每天 2 次（适用于子宫炎）。

处方 5：鱼腥草 10～20 克（干品减半），蒲公英、忍冬藤各 10 克。水煎灌服，每次 30 毫升，每天 3 次（适用于脑脊髓炎）。

处方 6：金银花、蒲公英各 3 克。水煎灌服，每次 30 毫升，每天 3 次（适用于脑脊髓炎）。

处方 7：金银花藤、栀子根、野菊花、棉茵陈、钩藤根、车前草各 3 克。水煎灌服，每次 30 毫升，每天 2 次（适用于脑脊髓炎）。

十九、兔肺炎克雷伯菌病

兔肺炎克雷伯菌病是由克雷伯菌引起的多种哺乳动物和禽类的传染病。以成年兔肺炎、幼兔腹泻为特征。

【病原】肺炎克雷伯菌，粗短卵圆或杆状［（0.5～0.8）微米×（1～2）微米］，常两端相接或单个存在，不能运动，革兰阴性。

【流行病学】常存在于人、畜的消化道、呼吸道及水、土壤和饲料中，当应激因素（如忽冷忽热，空气不洁，长途运输，饲料突变等）抵抗力减弱，易引起发病。各种年龄、品种、性别的兔均易感，但以断奶前后的仔兔、怀孕母兔发病率最高。多散发，常呈地方流行性。

【临床症状】沉郁，消瘦，毛粗乱，体温升高，喷嚏，流稀水样鼻液，呼吸急促，较重时呼吸困难，腹胀，排黑色糊状粪。仔兔剧烈腹泻，极度衰弱，很快死亡。孕兔发生流产。

【病理变化】气管环肌内出血，气管充满泡沫样液体；肺脏充血、出血，严重时肺脏呈大理石样。胸腹腔有红色液体。肝脏有粟粒大坏死灶，脾脏肿大。胃多膨满，十二指肠充满气体，被胆汁染色。空肠、回肠壁薄而透明，盲肠有多量气体和黑褐色稀粪（幼兔肠黏膜充血，肠内有多量黏稠物和少量气体）。个别皮下、肌肉、肺部有脓肿，内有灰白或白色黏稠脓液。

【鉴别诊断】

1. 兔肺炎克雷伯菌病与兔大肠杆菌病的鉴别诊断

［**相似点**］兔肺炎克雷伯菌病与兔大肠杆菌病均有传染性。废食，消瘦，沉郁，腹胀，排糊状稀粪或水粪，1～2 天死亡。剖检可见小肠、大肠充满气体。

［**不同点**］兔大肠杆菌病的病原为大肠杆菌，最急性，病兔不现症状即死亡，体温 40℃左右，粪小如鼠

粪，外包透明黏液或糊状粪、胶冻样粪；剖检可见肠黏膜充血、出血，肠内透明胶冻样黏液；仔兔胸腹腔有灰白色液体，肺部有纤维素性渗出与胸膜粘连；用标准血清作凝集反应，可确定血清型。兔肺炎克雷伯菌病流水样鼻液，呼吸急促、困难；剖检气管有泡沫样液体，肺脏大理石样。

2. 兔肺炎克雷伯菌病与兔巴氏杆菌病的鉴别诊断

［**相似点**］兔肺炎克雷伯菌病与兔巴氏杆菌病均有传染性。委顿，废食，呼吸迫促，流浆液性鼻液，打喷嚏，有时腹泻，很快死亡（1～2天）。剖检可见肺脏充血、出血，胸腔积液，肝脏有小坏死点。

［**不同点**］兔巴氏杆菌病的病原为巴氏杆菌；病兔体温高（40℃以上），最急性，常不现症状即突然死亡；亚急性，有关节炎、结膜炎、睾丸炎等；剖检可见肺脏、心脏内外膜、脾脏、肠、淋巴结有出血，肝脏有坏死点，肋膜与肺部有纤维素附着。病料涂片镜检，可见两极染色小杆菌。

3. 兔肺炎克雷伯菌病与兔李氏杆菌病的鉴别诊断

［**相似点**］兔肺炎克雷伯菌病与兔李氏杆菌病均有传染性。沉郁，废食，流浆液性鼻液，病程短（1～2天死亡）。孕兔流产。剖检可见胸腹腔有积液，肝脏有小坏死灶。

［**不同点**］兔李氏杆菌病的病原为李氏杆菌；该病急性，病兔体温高（40℃以上），常见结膜炎；亚急性，出现转圈、头偏于一侧、运动失调等神经症状；孕兔流产；剖检可见败血型内脏充血、出血，颈和肠淋巴结肿大，

水肿；病料悬液滴于兔或豚鼠结膜囊内，1天后结膜发炎，不久败血死亡，病料涂片镜检，可见V形排列的短杆菌。

4. 兔肺炎克雷伯菌病与兔结核病的鉴别诊断

［**相似点**］兔肺炎克雷伯菌病与兔结核病均有传染性。厌食，呼吸困难，腹泻。

［**不同点**］兔结核病的病原为结核杆菌；病兔咳嗽，黏膜苍白，肘、膝、跗关节肿大，晶体不透明，病程较长，属慢性病；剖检可见肝脏、肺脏、肾脏、肋膜、腹膜、心包、气管淋巴结、肠系膜淋巴结均发生1毫米至几厘米的结核结节，内容物干酪样。新鲜结节触片镜检，可见结核杆菌。

5. 兔肺炎克雷伯菌病与感冒的鉴别诊断

［**相似点**］兔肺炎克雷伯菌病与感冒均有沉郁，减食，打喷嚏，流水样鼻液，呼吸困难等症状。

［**不同点**］感冒无传染性，因气候骤冷而病，病兔体温高（40～41℃），有时有咳嗽，用抗生素治疗，能很快得到疗效。

6. 兔肺炎克雷伯菌病与肺炎鉴别诊断

［**相似点**］兔肺炎克雷伯菌病与肺炎均有沉郁，减食，流浆液性鼻液，呼吸浅表，呼吸困难等症状。

［**不同点**］肺炎无传染性，多因感冒或细菌感染而病，病兔体温高（40～41℃），有阵发性咳嗽，肺泡音增高，治疗及时很少死亡。

7. 兔肺炎克雷伯菌病与兔波氏杆菌病的鉴别诊断

［**相似点**］兔肺炎克雷伯菌病与兔波氏杆菌病均有传

染性。减食，消瘦，流浆液性鼻液，打喷嚏，呼吸加快，困难。

［**不同点**］兔波氏杆菌病的病原为波氏杆菌，病兔鼻液黏液性脓性，咳嗽，仔兔因鼻液结痂堵塞鼻孔，呼吸有鼾声；败血性很快死亡；血清凝集反应可作出诊断。

8. 兔肺炎克雷伯菌病与兔泰泽病的鉴别诊断

［**相似点**］兔肺炎克雷伯菌病与兔泰泽病均有传染性。沉郁，废食，排黑色糊状粪，很快死亡。剖检可见肝脏有粟粒状坏死灶，盲肠有黑褐色稀粪。

［**不同点**］兔泰泽病的病原为毛发样芽孢杆菌；病兔不出现喷嚏和水样鼻液；剖检可见回肠末端、盲肠、结肠前段黏膜弥漫性出血，盲肠水肿而肥厚，黏膜粗糙，病变涂片镜检，可见胞浆有毛发样芽孢杆菌。

9. 兔肺炎克雷伯菌病与兔弓形虫病的鉴别诊断

［**相似点**］兔肺炎克雷伯菌病与兔弓形虫病均有传染性。体温升高（40℃以上），流鼻液，呼吸迫促，很快死亡。

［**不同点**］兔弓形虫病的病原为弓形虫；病兔流黏液性脓性鼻液，急性病情为昏睡、麻痹。慢性病情为消瘦、贫血，后躯麻痹，剖检可见肺脏、心脏、肝脏、脾脏、淋巴结有灰白色坏死灶；肠黏膜有溃疡；慢性病肺脏、肝脏、脾脏有硬结节；血清凝集反应阳性。

10. 兔肺炎克雷伯菌病与仔兔轮状病毒病的鉴别诊断

［**相似点**］兔肺炎克雷伯菌病与仔兔轮状病毒病均有传染性。沉郁，废食，排糊状或水样粪，下痢后 3 天死亡。剖检可见大小肠充满气体。

［**不同点**］仔兔轮状病毒病的病原为轮状病毒，病兔粪如蛋花汤样，白色、棕色、灰色、浅绿色。

11. 兔肺炎克雷伯菌病与兔肺炎球菌病的鉴别诊断

［**相似点**］兔肺炎克雷伯菌病与兔肺炎球菌病均有传染性。体温升高，流鼻液。剖检可见气管黏膜出血，有液体。

［**不同点**］兔肺炎球菌病的病原为肺炎球菌；病兔鼻液呈黏液性脓性，咳嗽；剖检可见气管内有粉红色黏液、纤维性渗出物；肺部有大片出血斑、水肿、脓肿，多数纤维素胸膜炎、心包炎，心包与胸膜粘连；病变器官涂片镜检，可见革兰阳性双球菌。

【防制】

1. 预防措施

加强饲养管理和卫生消毒工作，灭鼠，妥善保管饲料，尽量减少应激因素刺激。幼兔断乳前后可注射克雷伯菌病灭活菌苗预防免疫。

2. 发病后措施

处方 1：庆大霉素每千克体重 3～5 毫克，或链霉素每千克体重 20 毫克，或卡那霉素每千克体重 2 万国际单位，肌注，12 小时 1 次，连用 3 天。樟脑磺酸钠、维生素 C、复合维生素 B 皮注，可增强抗病能力，加速痊愈。

处方 2：氟苯尼考每千克体重 20 毫克，或氟哌酸每千克体重 10 毫克，或环丙沙星，肌注，12 小时 1 次，连用 3 天。樟脑磺酸钠、维生素 C、复合维生素 B 皮注，可增强抗病能力，加速痊愈。

二十、兔肺炎球菌病

兔肺炎球菌病是由肺炎链球菌引起的呼吸道传染病。以体温升高、咳嗽、流鼻液和突然死亡为特征。

【病原】 肺炎链球菌为革兰阳性菌。菌体呈矛状，即两个菌体细胞平面相对尖端向外。

【流行病学】 病兔、带病兔及带菌的啮齿动物都是主要传染源。由被污染的饲料、饮水通过胃肠、呼吸道传染，也可经胎盘传染。孕兔和成年兔多发，且常为散发。幼兔可呈地方性流行。

【临床症状】 沉郁，体温升高，减食，咳嗽，流黏液性或脓性鼻液。幼兔多突然死亡，呈败血病变。

【病理变化】 气管、支气管黏膜充血、出血，有粉红色黏液和纤维素渗出物。肺部有大片出血斑或水肿、脓肿。多数病例呈纤维素胸膜炎和心包炎，心包与肺脏或与胸膜之间有粘连。肝脏肿大，脂肪变性。子宫和阴道黏膜出血。

【鉴别诊断】

1. 兔肺炎球菌病与兔波氏杆菌病的鉴别诊断

［**相似点**］兔肺炎球菌病与兔波氏杆菌病均有传染性。流黏液性脓性鼻液，咳嗽。剖检可见肺部有脓肿，心包炎、胸膜炎。

［**不同点**］兔波氏杆菌病的病原为波氏杆菌；哺乳仔兔鼻液干结堵塞鼻孔，呼吸有鼾声；剖检可见肺部表面凹凸不平，有大小不等脓疱；肝脏表面有黄豆粒至蚕豆粒大的脓疱；胸腔积脓，肌肉脓肿；脓液涂片染色镜检

可见两极染色的小杆菌。兔肺炎球菌病幼兔常不显症状即突然死亡；剖检可见气管、支气管黏膜充血、出血，有粉红色泡沫和纤维素渗出物；肺部大部有出血斑或水肿、脓肿，心包与肺脏或胸膜粘连，肝脏脂肪变性，脾脏肿大；子宫、阴道黏膜出血；取病变器官涂片，革兰染色镜检，有两端呈长矛的阳性球菌；脓液染色镜检，可见革兰阳性短链状球菌。

2. 兔肺炎球菌病与兔肺炎克雷伯菌病的鉴别诊断

［**相似点**］兔肺炎球菌病与兔肺炎克雷伯菌病均有传染性。体温升高，流鼻液。剖检可见气管黏膜出血，有液体。

［**不同点**］兔肺炎克雷伯菌病的病原为肺炎克雷伯菌；病兔呼吸迫促，重时呼吸困难，腹胀，排黑色糊状粪；仔兔剧烈腹泻；剖检可见肺脏充血、出血，大理石样；胸腹腔有红色液体；胃膨满，十二指肠、盲肠充满气体和黑色粪。肝脏有粟粒大坏死灶；幼兔肠黏膜充血，内多黏稠液。通过细菌分离鉴定。

3. 兔肺炎球菌病与兔巴氏杆菌病

［**相似点**］兔肺炎球菌病与兔巴氏杆菌病均有传染性。体温升高（41℃左右），流黏液性脓性鼻液，咳嗽。剖检可见气管充血、出血，有红色泡沫；肺部充血、出血，有脓肿；胸膜、心包有纤维素沉着。

［**不同点**］兔巴氏杆菌病的病原为巴氏杆菌；急性，呼吸急促，有时下痢；亚急性，关节肿胀、结膜炎、肺炎、睾丸炎、子宫储脓；用心血、肝脏、脾脏涂片，美蓝染色镜检，可见两极染色的卵圆小杆菌。

4. 兔肺炎球菌病与兔李氏杆菌病的鉴别诊断

[**相似点**] 兔肺炎球菌病与兔李氏杆菌病均有传染性。体温高（40℃以上），流黏液性鼻液。剖检可见肺脏水肿。

[**不同点**] 兔李氏杆菌病的病原为李氏杆菌；急性，有结膜炎，经几小时或1～3天死亡。亚急性，头偏一侧，转圈，运动失调；孕兔流产；剖检可见胸腹腔、心包积液，颈部和淋巴结增大、水肿，肝脏有坏死灶，皮下水肿；用病料涂片镜检，可见V形排列的短杆菌。

5. 兔肺炎球菌病与兔链球菌病的鉴别诊断

[**相似点**] 兔肺炎球菌病与兔链球菌病均有传染性。沉郁，不食，体温升高，流黏液性脓性鼻液，咳嗽，剖检可见脾脏肿大，肝脏脂肪变性。

[**不同点**] 兔链球菌病的病原为链球菌，病兔间歇下痢；剖检可见皮下组织出血性浆液性浸润，肠黏膜弥漫性出血，肺脏暗红至灰白色，伴有胸膜炎；病料涂片镜检，可见革兰阳性链球菌。

6. 兔肺炎球菌病与感冒的鉴别诊断

[**相似点**] 兔肺炎球菌病与感冒均有体温升高（40℃左右），流鼻液，喷嚏，沉郁，减食等症状。

[**不同点**] 感冒无传染性，多因冷侵袭而病，注意保暖，用抗生素治疗即愈。

7. 兔肺炎球菌病与肺炎的鉴别诊断

[**相似点**] 兔肺炎球菌病与肺炎均有减食，体温高（40～41℃），精神不振，鼻流黏液性脓性鼻液，咳嗽等症状。

［**不同点**］肺炎无传染性，因感冒或细菌感染而病，听诊，肺泡音增强，一般用抗生素治疗可治愈。

【防制】

1. 预防措施

加强饲养管理，坚持兽医卫生防疫制度，搞好清洁卫生，定期消毒，严防带进传染源，发现病兔或可疑病兔，立即隔离治疗。兔舍、场地、用具彻底消毒。受威胁兔群，可用药品进行预防性治疗。

2. 发病后措施

处方 1：青霉素每千克体重 2 万～4 万国际单位，或卡那霉素每千克体重 10～30 毫克，肌注，12 小时 1 次，连用 3～5 天。新生霉素每千克体重 15 毫克、庆大霉素每千克体重 3～5 毫克，也有疗效。

处方 2：磺胺二甲基嘧啶每天每兔 0.03～0.1 克，或磺胺嘧啶每千克体重 0.1～0.15 克，口服，12 小时 1 次，连用 4 天。

处方 3：抗肺炎链球菌高免血清，每兔 10～15 毫升，加入青霉素或新生霉素皮注，每天 1 次，连用 3 天。

二十一、兔铜绿假单胞菌病

兔铜绿假单胞菌病又称铜绿假单胞菌病，是由铜绿假单胞菌引起的一种散发性流行的传染病。以发生出血性肠炎及肺炎为特征。

【病原】铜绿假单胞菌是一种多形态的细长中等大杆菌，革兰阴性。

【流行病学】广泛存在于土壤、水和空气中，在人的肠道、呼吸道、皮肤上也普遍存在。病畜和带菌动物的粪便、尿和分泌物所污染的饲料、饮水和用具是本病的主要传染源，经消化道、呼吸道及伤口感染。任何年龄均可发生，一般散发，无季节性。

【临床症状】突然减食或废食，高度沉郁，呼吸困难、气喘，体温升高，口唇黏膜发绀。下痢，排出血样稀粪，24 小时左右死亡。有时病兔不显症状即突然死亡，剖检才发现病理变化。

【病理变化】腹部皮下有胶样液。胃内有血样液。十二指肠、空肠黏膜出血，充满血样液体。心外膜点状出血，心包、腹腔有大量液体，脾脏肿大，呈樱桃红色。气管黏膜出血，有红色泡沫。肺脏有点状出血，有的肺脏肿大、深红色，肝变。有的肺脏及其他脏器有淡绿色或褐色黏稠液体。

【鉴别诊断】

1. 兔铜绿假单胞菌病与产气荚膜梭菌（A 型）病的鉴别诊断

［**相似点**］兔铜绿假单胞菌病与产气荚膜梭菌（A 型）病均有传染性。沉郁，不食，急剧下痢，粪稀褐色或血痢，发病当日死亡。剖检可见小肠黏膜出血。

［**不同点**］A 型产气荚膜梭菌病的病原为魏氏梭菌，病兔腹部膨大，摇晃兔身有晃水音，提起患兔粪水即从肛门流出；剖检腹腔有特殊腥臭味；胃充满饲料，胃底黏膜脱落，并有大小不一的溃疡。小肠、盲肠、结肠充满气体和黑色内容物；以病料离心过滤注于小鼠腹腔，24 小时内死亡，即证明肠内有毒素存在。兔铜绿假单胞菌病气喘，呼吸困难。剖检可见气管出血，肺脏及其他器官有淡绿色，或褐色黏稠液体。

2. 兔铜绿假单胞菌病与兔泰泽病的鉴别诊断

［**相似点**］兔铜绿假单胞菌病与兔泰泽病均有传染性。突然废食，沉郁，排稀粪，常在发病24小时死亡。剖检可见小肠黏膜出血。

［**不同点**］兔泰泽病的病原为毛发样芽孢杆菌；病兔排褐色糊状或水样粪便；剖检可见回肠末端、盲肠、结肠前段黏膜有出血点，圆小囊和蚓突变硬，有坏死灶，盲肠肥厚，黏膜粗糙；肝脏肿，有粟粒大坏死灶；取病变区病料涂片姬姆萨或镀银法染色镜检，可见细胞浆内存在毛发样芽孢杆菌。

3. 兔铜绿假单胞菌病与兔轮状病毒病的鉴别诊断

［**相似点**］兔铜绿假单胞菌病与兔轮状病毒病均有传染性。废食，高度沉郁，突发拉稀。剖检可见肠内有大量液体。

［**不同点**］兔轮状病毒病的病原为轮状病毒；下痢后3天左右死亡；粪如蛋花汤样，有白色、棕色、灰色、浅绿色，恶臭；剖检可见小肠明显膨胀，结肠瘀血；取小肠后段内容物磨碎离心过滤，将沉淀物染色，电镜可发现轮状病毒。

4. 兔铜绿假单胞菌病与灭鼠药中毒的鉴别诊断

［**相似点**］兔铜绿假单胞菌病与灭鼠药中毒均有沉郁，不食，拉血样稀粪，呼吸困难，死亡快等症状。剖检可见肠黏膜充血、出血，内容物血样液体。

［**不同点**］灭鼠药中毒因吃灭鼠药而病，有呕吐，口渴，抽搐，共济失调，麻痹，昏迷症状；剖检可见敌鼠钠盐中毒，肠管后段充满血液（不是胃和十二指肠），心

包积水；磷化锌中毒，有大蒜味，皮下出血，用侦检管试验，磷化锌中毒显黄色，甘氟显红色，安妥显红色，敌鼠钠盐显红色悬浮物。

【防制】

1. 预防措施

平时搞好饲料和饮水卫生，防止饲料和饮水被污染。做好防鼠、灭鼠工作，防止鼠类污染。曾发生过本病的兔场，可用铜绿假单胞菌单价或多价灭活菌苗，每兔皮注 1 毫升，免疫期 6 个月，每年注射 2 次，可控制本病流行。

2. 发病后措施

发现病兔及时隔离治疗（因本菌易产生抗药性，使用药物时应先进行药物敏感试验，以选择杀菌效果好的）。污染的兔舍、用具彻底消毒。死亡兔及排泄物烧毁或深埋。并全部免疫。

处方 1：多黏菌素每千克体重 2 万国际单位，加磺胺嘧啶每千克体重 0.2 克，混于饲料中喂，一般连喂 3～5 天，疗效良好。

处方 2：新霉素每千克体重 2 万～3 万国际单位，12 小时 1 次，连续 3～4 天，有一定疗效。

二十二、传染性鼻炎

传染性鼻炎是若干致病性微生物引起的一种传染病，以鼻流浆液性、黏液性、黏液性脓性分泌物为特征。

【病原】本病的病原复杂，常见的有巴氏杆菌、支气管败血波氏杆菌，鼠伤寒沙门菌、金黄色葡萄球菌等。

【流行病学】 如兔舍低矮，光线通风不好，兔群拥挤，天气剧变，更易导致本病的流行。各种年龄、品种的兔都能感染。一年四季均可发生，秋末春初更易流行。

【临床症状】 病初，鼻流水样鼻液，以后逐渐变稠，重时变脓性，甚至一侧或两侧鼻孔结痂，常形成鼻漏。经常打喷嚏和咳嗽，常因鼻孔瘙痒以爪抓鼻，致鼻周和上唇毛湿或结成块，脱毛，因鼻孔变小而发出鼾声。病程不一，长的终年不见好转，也可能引发结膜炎、中耳炎、乳腺炎。

【病理变化】 鼻腔、鼻窦含有多量浆液、黏液或脓液。黏膜增厚，红肿或水肿，间有糜烂处。

【鉴别诊断】

1. 传染性鼻炎与兔巴氏杆菌病（鼻炎型）的鉴别

［**相似点**］传染性鼻炎与兔巴氏杆菌病（鼻炎型）均有传染性。流浆液性、黏液性、黏液脓性鼻液，喷嚏，咳嗽。

［**不同点**］兔巴氏杆菌病（鼻炎型）的病原为巴氏杆菌；病兔体温高（40～41℃），常并发肺炎、睾丸炎，子宫储脓；最急性，常不现症状即突然死亡；急性，1～2天死亡；亚急性1～2周死亡；剖检可见喉、气管、肺脏、心内外膜、脾脏、淋巴结、肠出血；病料涂片镜检，可见两极染色的卵圆小杆菌。传染性鼻炎鼻痒，常用爪抓。

2. 传染性鼻炎与兔波氏杆菌病的鉴别

［**相似点**］传染性鼻炎与兔波氏杆菌病均有传染性。流浆液性、黏液性、黏液脓性鼻液。鼻孔被堵塞，有鼾

声。打喷嚏，咳嗽。

[**不同点**] 兔波氏杆菌病的病原为波氏杆菌；哺乳、断奶仔兔多急性；成年兔多呈慢性，细菌侵入血流引起败血症很快死亡；剖检可见肺脏、肝脏表面有大小不等脓疱；脓液涂片，美蓝染色，两极染色可见小杆菌，如抗原与康复血清产生凝集现象，即可证明。

【防制】

1. 预防措施

兔舍建筑要保证舍内光线充足，通风良好，并能保暖。加强饲养管理，增强兔的抗病能力。对曾发生过传染性鼻炎的兔舍，应用三联苗进行预防接种。

2. 发病后措施

对病兔隔离治疗。

①先剪去鼻孔周围的湿毛，同时也将两前肢内侧的湿毛剪去。

②用75%酒精或1%新洁尔灭洗净鼻周和前肢内侧皮肤。

③用棉签蘸氟苯尼考注射液洗鼻腔，洗去鼻内分泌物，每天2次。

④用青霉素80万国际单位，以蒸馏水5毫升稀释后，加3%麻黄素1毫升，每天3次滴鼻。同时用链霉素每千克体重20毫克，或庆大霉素每千克体重3～5毫克，肌注，12小时1次，连用3天。第4天改用卡那霉素注射液洗鼻，每天2次，并同时用丁胺卡那霉素每千克体重7.5毫克肌注，12小时1次，连用3天，6天为1个疗程。第8天用鼻炎三联苗皮注2毫升。

二十三、兔痢疾

兔痢疾是痢疾杆菌引起的一种传染病，多发生在夏秋季节。家兔吃了霉变食物或饮了不洁净的水，或气候突变，兔舍潮湿，均易感染此病。病兔粪便稀烂，有时带血，附有鼻涕样黏液，耳冰冷、被毛松乱，食欲减退或废绝，下痢脱水严重，逐日消瘦而死亡。

【病原】痢疾杆菌大小为（0.5～0.7）微米×（2～3）微米，无芽孢，无荚膜，无鞭毛。多数有菌毛。革兰阴性杆菌。为兼性厌氧菌，能在普通培养基上生长，形成中等大小，半透明的光滑型菌落。在肠道杆菌选择性培养基上形成无色菌落。本菌对理化因素的抵抗力较其他肠道杆菌为弱。对酸敏感，在外界环境中的抵抗能力以宋内菌最强，福氏菌次之，志贺菌最弱。一般56～60℃经10分钟即被杀死。在37℃水中存活20天，在冰块中存活96天，蝇肠内可存活9～10天，对化学消毒剂敏感，1%石炭酸15～30分钟死亡。

【流行病学】此病由痢疾杆菌引起，通过消化道感染。多发生在夏季。兔常在采食霉坏饲料或饮用不洁的水后感染痢疾杆菌。苍蝇是传播此病的媒介之一。

【临床症状】因感染痢疾菌的种类不同，兔抵抗力强弱不同，症状也不相同。其共同的特点是粪便中黏附半透明胶状物。

1. 轻型痢疾

粪便仍是粒状，较湿润，表面黏附半透明的良胶状物，食欲下降。

2. 急性型痢疾

开始粪便湿烂，量多，有半透明胶状物，以后粪便较少或无粪便。后期带有血液，病兔食欲废绝，喜饮水，一般经 5～7 天死亡。

3. 暴发型痢疾

突然发病，患兔肛门周围沾满粪便，胶状物较少，后期带血，喜伏卧，有时咬牙，体温下降，两耳冰凉，口唇发青，绝食，经 12～24 小时死亡。死亡率可达 100％。

【防制】

1. 预防措施

加强饲养管理，定期消毒兔舍，饲喂洁净饲草，供给清洁饮水。阴雨天可用大蒜捣汁加入饲料中进行预防。

2. 发病后措施

注意在各类痢疾病的治疗过程中，要给兔提供足量的淡盐水，以免兔因失水过多而引起脱水，并缓解因痢疾杆菌产生的中毒症状。治疗中以喂流质饲料为宜。

处方 1：止痢片 0.5～1 片，加等量小苏打，每日 2 次灌服。症状较严重的，用磺胺脒 1 片加氯霉素 1 片，每日 2 次，连服 3 日。

处方 2：大蒜。去皮捣烂，浓汁灌服，每次 10 毫升，日服 2 次（轻型痢疾）。

处方 3：榛子仁。磨细粉，用陈皮汤灌服，每次服 1 克，每天 3 次（轻型痢疾）。

处方 4：杨梅树皮。烧存性，研细末，糖水灌服，每次 1 克，每天 3 次。

处方 5：九龙盘、铺地粘、地桃银花根、火炭母各 10～15 克。水煎灌服，每次 15 毫升，每天 2 次（轻型痢疾）。

处方 6：碘酒，食用麦面。用碘酒和食用麦面拌和，每只成兔 5 克，幼兔、中兔酌量，每天 2 次（轻型痢疾）。

处方 7：柿饼，红糖。柿饼焙焦存性，研成细末，备用。每次柿饼粉 3 克，加红糖 5 克，温开水灌服，每天 2 次（轻型痢疾）。

处方 8：山楂 15 克，红糖、白糖各 2 克，细茶 2.5 克。山楂、红糖、白糖水煎冲细茶，灌服，每次 15 毫升，每日 3 次（轻型痢疾）。

处方 9：蒜头 3～4 个。捣浆，取汁，加蜜糖、炭粉适量，灌服，每天 1 次，连服 3 日（急性型痢疾）。

处方 10：生姜 9 克，绿茶 9 克。放水 1 碗，煎成浓茶，每次 10 毫升，每天 2 次（急性型痢疾）。

处方 11：铁苋菜 50 克，白糖或红糖 25 克。铁苋菜加糖（白痢加红糖、红痢加白糖），每天 2 次（急性型痢疾）。

处方 12：大叶银花藤、山苦菜、火炭母、番桃叶各 15 克。水煎灌服，每次 15 毫升，每天 2 次（急性型痢疾）。

处方 13：小根蒜、黄柏各 15 克。水煎灌服，每次 10 毫升，每天 3 次（暴发型痢疾）。

处方 14：大蒜浸汁（大蒜 0.3 千克，捣汁，放在 500 毫升烧酒内封浸 2 周后，呈绿色时备用）。1 份蒜汁加 4 份凉开水，每次 15 毫升，每天 3 次（暴发型痢疾）。

处方 15：木香、土黄连各 10 克。共研细末，以水灌服，每次 10 毫升，每天 2 次（暴发型痢疾）。

处方 16：山楂 25 克，茶叶 7.5 克，生姜 2.5 克。煎汤灌服，成年兔每次 6 毫升，幼兔减半，每天 2～3 次（暴发型痢疾）。

处方17：黄连、黄柏、白头翁各5克。水煎，供1只成年兔灌服，每天1次，幼兔用量减半（暴发型痢疾）。

二十四、密螺旋体病（兔梅毒）

兔密螺旋体病（兔梅毒病）是兔的一种慢性传染病，也称性螺旋病、螺旋体病。以外生殖器、颜面、肛门等皮肤及黏膜发生炎症、结节和溃疡，患部淋巴结发炎为特征。

【病原】病原为兔密螺旋体，呈纤细的螺旋状构造，通常用姬姆萨或石炭酸复红染色，但着色力差，通常用暗视野显微镜检查，可见到旋转运动。它主要存在于病兔的外生殖器官病灶中，人工培养基、鸡胚绒尿膜培养基均不生长。人工接种实验动物均不感染，将患兔结节中的液汁或溃疡的分泌物接种于兔睾丸、阴道、阴囊或背部皮下、皮肤浅划痕以及眼角膜均可发生与自然感染相同的病灶，但不能累及全身，也不产生免疫性。螺旋体的致病力不强，一般只引起肉兔的局部病变而不累及全身。抵抗力也不强，有效的消毒药为1%来苏尔、2%氢氧化钠溶液、2%甲醛溶液。兔密螺旋体为螺旋体科密螺旋体属的细长、弯曲的螺旋形微生物，姬姆萨染色呈红色。

【流行病学】病兔是主要的传染源。主要通过交配经生殖道传播，所以发病的绝大多数是成年兔。此外，被病兔的分泌物和排泄物污染的垫草、饲料、用具等也是传播途径。兔局部发生损伤可增加感染机会。这种病菌只对兔和野兔有致病性，对人和其他动物不致病。兔群

发病率高但病死率低，育龄母兔的发病率为65%，公兔为35%。

【临床症状】本病的潜伏期为2～10周。患病公兔可见龟头、包皮和阴囊肿大。患病母兔先是阴道边缘或肛门周围的皮肤和黏膜潮红、肿胀，发热，形成粟粒大的结节，随后从阴道流出黏液性、脓性分泌物，结成棕色的痂，轻轻剥下痂皮，可露出溃疡面，创面湿润，稍凹陷，边缘不齐，易出血，周围组织出现水肿。病灶内有大量病菌，可因兔的搔抓而由患部带至鼻、眼睑、唇和爪及其他部位，造成脱毛。慢性感染部位多呈干燥鳞片状，稍有突起，腹股沟淋巴结或腘淋巴结可肿大。患病公兔不影响性欲，患病母兔的受胎率大大降低。病兔精神、食欲、体温、大小便等无明显变化。

【病理变化】病变仅限于患部的皮肤和黏膜，多不引起内脏器官的病变。病变表皮有棘皮症和过度角化现象。溃疡区表皮与真皮连接处有大量多形核白细胞。腹股沟淋巴结和腘淋巴结增生，生发中心增大，有许多未成熟的淋巴网状细胞。

【诊断】直接镜检。采病变部皮肤压出的淋巴液包皮洗出液置于玻片上，在暗视野显微镜下观察，如见有活泼的细长螺旋状菌，可助诊断。也可用印度墨汁染色、镀银染色或姬姆萨染色，观察菌体形态。

【鉴别诊断】

1. 兔密螺旋体病与兔葡萄球菌病（生殖器炎）的鉴别

［**相似点**］兔密螺旋体病与兔葡萄球菌病（生殖器炎）均有传染性。阴户周围有溃疡、渗出液、结痂。

［**不同点**］兔葡萄球菌病的病原为葡萄球菌；病兔阴户周围有大小不等的脓肿，溃疡面如花椰菜样，疡面深红色；公兔包皮有小脓肿、溃疡，棕色痂皮；脓液涂片镜检，可见葡萄球菌；发生于各种年龄獭兔，母兔流产，仔兔死亡，阴道内有黄白色黏稠的脓液；取患病部位的分泌物和阴道脓液涂抹制片、染色，镜检可发现金黄色葡萄球菌；兔螺旋体病多发生于成年的公母兔，而其他年龄较少，并不侵害阴道，也不能引起母兔流产和仔兔死亡。

2. 兔密螺旋体病与兔疥螨病的鉴别

［**相似点**］兔密螺旋体病与兔疥螨病均有生殖器官周围脱毛和炎症。

［**不同点**］兔疥螨病的病原是疥螨，多发生于无毛或少毛的足趾、耳壳、鼻端以及口腔周围等部位的皮肤；患部皮肤充血、出血、肥厚、脱毛，有淡黄色渗出物、皮屑和干涸的结痂；而外生殖器官部位的皮肤和黏膜均无上述病变，可以区别诊断。

3. 兔密螺旋体病与阴道炎的鉴别

［**相似点**］兔密螺旋体病与阴道炎均有阴唇肿胀、发红，有溃疡、结痂。

［**不同点**］阴道炎无传染性，不发生小结节，与之交配的公兔包皮不发生病变。

【防制】

1. 预防措施

兔场要严防引进病兔。新引进的兔必须隔离观察 1 个月，确定无病时方可入群；配种时要详细进行临床检

查或做血清学试验，健康者方可配种。

无病兔群要严防引进病兔。引进新兔应隔离饲养观察1个月，并定期检查外生殖器官，无病者方可入群饲养。配种时要详细进行临床检查或做血清学试验，健康者方能配种。对病兔和可疑病兔停止配种，隔离饲养，进行治疗，病重者应淘汰。彻底清污物，用1%～2%烧碱水或2%～3%来苏尔液消毒兔笼、用具及环境等。严防发生外伤、咬伤等，一经发生外伤，应及时进行外科处理，以免通过外伤发生感染。

2. 发病后措施

对病兔立即进行隔离治疗，病重都应淘汰。彻底清除污物，用1%～2%火碱或2%～3%的来苏尔消毒兔笼和用具。药物治疗。

处方1：新胂凡纳明（九一四），兔40～60毫克/千克体重，配成5%溶液静脉注射，必要时隔7天再注射1次。青霉素10万单位/千克体重，肌内注射，每天3次，连用5天；链霉素15～20毫克/千克体重，肌内注射，每天2次，连用3～5天。局部可用0.1%高锰酸钾溶液等消毒药清洗，然后涂上碘甘油或青霉素软膏。

处方2：花生油100毫升，青霉素G钠（钾）粉100万国际单位。取食用花生油盛于洁净的瓶中，加入青霉素G钠（钾）粉，搅拌均匀，使用时用棉签蘸药涂患处，每天1次，一般3～5天后肿胀变小，表面结痂，7～10天自愈，痂皮脱落，肿胀消失。

处方3：金银花、连翘、黄芩各5～10克。水煎灌服，每次10毫升，每天3次。

二十五、兔体表真菌病

兔体表真菌病又称皮肤霉菌病、毛癣病，是由致病性真菌感染皮肤表面及其附属结构毛囊和毛干所引起的一种真菌性传染病，特征是感染皮肤出现不规则的块状或圆形的脱毛、断毛及皮肤炎症。人和其他动物也可感染发病。

【病原】病的病原为毛癣菌和大小孢霉菌。这些真菌广泛生存于土壤中，在一定条件下可感染家兔。病原对外界具有很弱的抵抗力，耐干燥，对一般消毒药耐受性强，对湿热抵抗力不太强，一般抗生素及磺胺类药物对本菌无效。

【流行病学】各种年龄与品种的兔均能感染，幼龄兔比周年兔易感。经健康兔与病兔直接接触，相互抓、舔、吮乳、摩擦、交配与蚊虫叮咬等而感染，也可通过各种用具及人员间接传播。本病一年四季均可发生，多为散发。家兔营养不良，污秽不洁的环境条件兔舍与兔笼、用具卫生条件差，多雨、潮湿、高温，采光与通风不良，吸血昆虫多等，有利于本病的发生。

【临床症状】发病开始多见于头颈部、口周围及耳部、背都、爪等部位，继而在四肢和腹下呈现圆形或不规则形的被毛脱落及皮肤损害。患部以环形、突起、带灰色或黄色痂皮为特征。3 周左右痂皮脱落，呈现小溃疡，造成毛根和毛囊的破坏。如并发其他细菌感染，常引起毛囊脓肿。另外，在皮肤上也可出现环状、珍珠状色的秃毛斑，以及皮肤炎症等症状。

【病理变化】 变化特征为表皮过度角质化，真皮有多形白细胞弥漫性浸润。在真皮和毛囊附近，可出现淋巴细胞和浆细胞。

【诊断】 将患部用75%酒精擦洗消毒，用镊子拔下感染部被毛，并用小刀刮取皮屑。将病料放在载玻片上，加10%氧化钾液数滴，加温3～5分钟，以不出现气泡为度，盖上盖玻片压紧后镜检，可见分枝的菌丝与在菌丝上呈平行的链状排列的孢子。紫外线灯检查，小孢霉感染的毛发呈绿色荧光，而毛癣霉感染的毛发无荧光反应。

【鉴别诊断】

1. 兔体表真菌病与兔疥癣病的鉴别

［**相似点**］兔体表真菌病与兔疥癣病均有脱毛和炎症。

［**不同点**］兔疥癣病由疥螨引起，主要寄生于头部和掌部的短毛处，而后蔓延至躯干部；患部脱毛、奇痒，皮肤发生炎症和龟裂等；从深部皮肤刮皮屑可检出疥螨。

2. 兔体表真菌病与营养性脱毛病的鉴别

［**相似点**］兔体表真菌病与营养性脱毛病均有皮肤脱毛。

［**不同点**］营养性脱毛病是因营养缺乏而发生的；多发生于夏、秋季节，呈散在性，成年兔与老年兔发生较多；皮肤无异常，断毛较整齐，根部有毛茬，多在1厘米以下；发生部位一般在大腿、肩胛两侧和头部。

3. 兔体表真菌病与湿性皮炎的鉴别

［**相似点**］兔体表真菌病与湿性皮炎均有局部皮肤脱毛，有溃疡。

［**不同点**］湿性皮炎是因被毛长期潮湿而引起炎症；多发生在颌下、颈下、会阴、后肢，被毛经常潮湿，皮肤发炎，脱毛糜烂，甚至溃疡、坏死。

【防制】

1. 预防措施

（1）注意隔离卫生　坚持长年消灭鼠类及吸血昆虫，兔舍、兔笼、用具与兔体保持清洁卫生，注意通风、换气与采光。病兔停止哺乳及配种，严防健康兔与病兔接触。病兔使用过的笼具及用具等用福尔马林熏蒸消毒，污物及粪便、尿用10%～20%石灰乳消毒后深埋，死亡兔一律烧毁，不准食用。本病可传染给人，工作人员及饲养员接触病兔与污染物时，要注意自身的防护。

（2）加强对兔群的饲养管理　不喂发霉的干草和饲料，增加青饲料，并在日粮中添加富含维生素A的胡萝卜。经常检查兔体被毛及皮肤状态，发现病兔立即隔离治疗或淘汰。

（3）药物预防　定期对兔群用配制的咪康唑溶液进行药浴，消灭体外寄生虫。

2. 发病后措施

首先患部剪毛，用软肥皂、温碱水或硫化物溶液洗擦，软化后除去痂皮，然后选择10%木馏油软膏、碘化硫油剂等，每日外涂2次。

处方 1：灰黄霉素制成水悬剂，内服，每日 2 次，连用 14 天。或在每千克饲料中加入 0.75 克粉状灰黄霉素，连喂 14 天，有良好的疗效。体质瘦弱兔可用 10%葡萄糖溶液 10～15 毫升，加维生素 C 2 毫升，静脉注射，每日 1 次。

处方 2：石炭酸 15 克，碘酊 25 毫升，水合氯醛 10 克，混合外用，每日 1 次，共用 3 次，用后即用水洗掉，涂以氧化锌软膏。或硫酸调粉 25 克，凡士林 75 克，混合制成软膏外用，隔 5 天 1～2 次即可见效。或水杨酸 6 克，苯甲酸 12 克，石炭酸 2 克，敌百虫 5 克，凡士林 100 克，混合外用。体质瘦弱兔可用 10%葡萄糖溶液 10～15 毫升，加维生素 C 2 毫升，静脉注射，每日 1 次。

处方 3：苦参、甘草各 10 克，茯苓、白术各 15 克，糖适量。共研成粉末，加糖适量内服，每只每次服 5 克，每天 2 次，连用 7 天。

处方 4：硫黄 2 份，冰片 1 份，凡士林 7 份。硫黄和冰片共研成细末，加凡士林混合拌成膏状，每日涂擦患处 1 次。

处方 5：白藓皮、生地各 12 克，荆芥 8 克，当归 5 克。用水煎灌服，每只每次 10 毫升，每日 3 次。

处方 6：硫黄、猪油或豆油。硫黄拌和豆油搽在患病皮肤上，疗效很好。

处方 7：苦参、甘石、紫草、当归等量。共研末，用食油调和，涂在患处。

第二章　兔寄生虫病的类症鉴别与防治

一、兔球虫病

兔球虫病是家兔最常见的一种寄生虫病，对养兔业的危害极大。各品种的兔对球虫都有易感性，断奶后至12周龄幼兔最易感染。特别是兔舍卫生条件恶劣造成的饲料与饮水遭受兔粪污染，最易促使本病的发生和传播。

【病原】 兔球虫是艾美尔属的一种单细胞原虫。成虫呈圆形或卵圆形，球虫卵囊随兔的粪便排出体外，在温暖潮湿的环境中形成孢子化卵囊后即具有感染力。据初步调查，在我国各地常见的兔球虫有14个种，危害最严重的是斯氏艾美尔球虫、肠艾美尔球虫、中型艾美球虫等。卵囊对外界环境的抵抗力较强，在水中可生活2个月，在湿土中可存活1年多。它对温度很敏感，在60℃水中20分钟死亡；80℃水中10分钟死亡；开水中5分钟就死亡。在－15℃以下卵囊就会冻死，但一般的化学消毒剂对其杀灭作用很微弱。

【流行病学】球虫的滋养体在兔肠上皮细胞或胆管上皮细胞中寄生、繁殖，形成卵囊后随粪便排出，污染饲料、饮水、食具、垫草和兔笼。兔球虫卵囊在20℃温度、55%～75%相对湿度外界环境下，经过2～3天即发育成为侵袭性卵囊，此卵囊就具有感染性。易感兔吞食有侵袭力的卵囊后而感染发病。

各品种的兔对球虫均有易感性，断奶至3个月龄的幼兔最易感，且死亡率高。在卫生条件较差的兔场，幼兔球虫病的感染率可达100%，死亡率在80%左右；成年兔抵抗力较强，多为隐性感染，但生长发育受到影响。本病主要通过消化道传染，母兔乳头沾有卵囊，饲料和饮水被病兔粪便污染，都可传播球虫病。本病也可通过兔笼、用具及苍蝇、老鼠传播。球虫病多发生在温暖多雨季节，常呈地方流行性。病兔及治愈兔长期带虫，成为重要的传染源。

【临床症状】球虫病的潜伏期一般为2～3天，有时潜伏期更长一些。病兔的主要症状为精神不振，食欲减退，伏卧不动，眼、鼻泌物增多，眼黏膜苍白，腹泻，尿频。按球虫寄生部位本病可分为肠球虫病、肝球虫病及混合型球虫病，以混合型居多。肠型以顽固性下痢，病兔肛门周围被粪便污染，死亡快为典型症状。肝型则以腹围增大下垂，肝肿大，触诊有痛感，可视黏膜轻度黄染为特征。发病后期，幼兔往往出现神经症状，表现为四肢痉挛，麻痹，最终因极度衰弱而亡。病兔死亡率为40%～70%，有时高达80%以上。

【病理变化】肝球虫病：病兔肝肿大，表面有白色或淡黄色结节病灶，呈圆形，大如豌豆，沿胆管分布。切开病灶可见浓稠的淡黄色液体，胆囊肿大，胆汁浓稠色暗。在慢性肝病中，可发生间质性肝炎，肝管周围和小叶间部分结缔组织增生，使肝细胞萎缩，肝体积缩小，肝硬化。

肠球虫病：可见十二指肠、空肠、回肠、盲肠黏膜发炎、充血，有时有出血斑。十二指肠扩张、肥厚，小肠内充满气体和大量黏液。慢性病例肠黏膜呈淡灰色，上有许多小的白色小点或结节，有时有小的化脓性、坏死性病灶。肠系膜淋巴结肿大，膀胱积黄色混浊尿液，膀胱黏膜脱落。

混合型球虫病：各种病变同时存在，而且病变更为严重。

【诊断】 可采用饱和盐水漂浮法检查粪便中的卵囊，或将肠黏膜刮屑物或肝脏病灶刮屑物制成涂片，镜检球虫卵囊、裂殖体或裂殖子。如在粪便中发现大量卵囊或在病灶中发现各个不同阶段的球虫，即可确诊。

【鉴别诊断】

1. 兔球虫病与兔产气荚膜梭菌（A 型）病的鉴别

［**相似点**］兔球虫病与兔产气荚膜梭菌（A 型）病均有精神沉郁，食欲减退，下痢，肛门沾污，排粪频繁、胃肠臌气等临床表现和肠黏膜充血、出血等病理变化。

［**不同点**］兔产气荚膜梭菌（A 型）病的病原是 A 型魏氏梭菌产，粪便开始为灰褐色软便，很快变为黑绿色水样粪便，并有特殊的腥臭味；胃底部黏膜脱落，有出血斑点和大小不一的黑色溃疡。兔球虫病有顽固性下

痢，甚至拉血痢，或便秘与腹泻交替发生；剖检见十二指肠壁厚，内腔扩张，黏膜炎症；小肠内充满气体和大量微红色黏液，肠黏膜充血并有出血点；慢性者，肠黏膜呈灰色，有许多小而硬的白色小结节，内含有卵囊点；心外膜血管怒张，呈树枝状；肝与肾瘀血、变性、质脆；膀胱多有茶色或深蓝色尿液；取结节作玻片压片镜检，兔球虫病可检到球虫囊。

2. 兔球虫病与兔结核菌病的鉴别

［**相似点**］兔球虫病与兔结核菌病均有食欲不振，被毛粗乱，日益衰弱，消瘦等临床表现和肠道有结节（慢性球虫病）的病理变化。

［**不同点**］兔结核菌病的病原是结核杆菌，各种年龄与各品种的兔都有易感性；症状为咳嗽喘气，呼吸困难；病兔的肝、肺、肋膜、腹膜、肾、心包、支气管淋巴结、肠系膜淋巴结等部位出现坚实的结节；结核结节大小不一，中心有坏死干酪样物，外面包有一层纤维组织性的包膜；肺中的结核灶可发生融合，并可形成空洞；病灶取材料作镜检，兔结核菌病检查不到虫卵。兔球虫病主要表现为腹泻，病程较短，死亡率较高，以断乳兔多见；急性病变主要是肠黏膜增厚、充血，小肠内充满气体和黏液；慢性病变是肠黏膜有数量不等的圆形、粟粒大小的灰白色小结节；肝球虫病变主要是胆管壁增厚，结缔组织增生而引起肝细胞萎缩。从病灶取材料作镜检，兔球虫病可检查出球虫卵。

3. 兔球虫病与兔伪结核菌病的鉴别

［**相似点**］兔球虫病与兔伪结核菌病均有食欲不振，

被毛粗乱，日益衰弱，消瘦等临床表现和肠道有结节（慢性球虫病）的病理变化。

［**不同点**］兔伪结核菌病的病原是伪结核耶尔森杆菌；病程长，多数兔有化脓性结膜炎。主要病变在盲肠蚓突和圆囊浆膜下有乳脂样结节，有的病例脾脏也有结节，结节内容物为灰白色乳脂样物；从病灶取材料作镜检，兔伪结核菌病检查不到虫卵。兔球虫病的病原是球虫，主要表现为腹泻，病程较短，死亡率较高，以断乳兔多见；肠黏膜有数量不等的圆形、粟粒大小的灰白色小结节，但盲肠蚓突、圆小囊不肿大，浆膜无结节病变，肝、脾、肾、肠系膜淋巴结等器官无多大的变化。从病灶取材料作镜检，兔球虫病可检查出球虫卵。

4. 兔球虫病与大肠杆菌病的鉴别

［**相似点**］兔球虫病与大肠杆菌病均有传染性。多发于幼兔，最急性不现症状即死亡。腹部膨胀，下痢、肛周、后肢粪污。剖检可见肠黏膜充血、出血。

［**不同点**］大肠杆菌病的病原为大肠杆菌。粪先糊状、后胶冻样黏液；剖检可见空肠、回肠、盲肠、结肠充满明胶样黏液；用标准血清作凝集反应，可确定血清型。

5. 兔球虫病与兔肝片吸虫病的鉴别

［**相似点**］兔球虫病与兔肝片吸虫病均有感染性。厌食、消瘦、贫血、黄疸。

［**不同点**］兔肝片吸虫病的病原为肝片吸虫。眼睑、颌下、胸腹下有水肿，粪检有虫卵；剖检可见肝脏切开胆管有虫体。

6. 兔球虫病（慢性）与兔栓尾线虫病的鉴别

［**相似点**］兔球虫病（慢性）与兔栓尾线虫病均有感染性，拉稀，消瘦。

［**不同点**］兔栓尾线虫病的病原为栓尾线虫；粪检有虫卵；剖检可见盲肠、结肠黏膜上有虫体。

7. 兔球虫病（肝型）与胃炎鉴别

［**相似点**］兔球虫病（肝型）与胃炎均有精神不振，减食，粪球干小，外附黏液等症状。

［**不同点**］胃炎无感染性；粪检无卵囊；剖检可见肠黏膜无明显变化。

【防制】

1. 预防措施

兔舍应保持清洁、干燥。保证饲料、用具的清洁卫生，不被兔粪污染。加强消毒，兔笼、饲槽至少每周用热碱水消毒 1 次，也可将其在日光下曝晒；选作种用的公、母兔，必须经过多次粪便检查，健康者方可留作种用。购进的新兔也须隔离观察 15～20 天，确定无球虫病时方可入群。成年兔和幼兔要分开饲养。幼兔断奶后要立即分群。在青饲料上喷洒一些酒精，有较好的预防作用。

2. 发病后措施

① 及时将发病兔隔离治疗，病兔的尸体和内脏要烧掉或深埋。注重对环境设备和用具的消毒。

② 药物防治由于大多数药物对球虫的早期发育阶段——裂殖生殖有效，所以用药必须及时。当兔群中有个别兔发病时，应立即使用药物对整群兔进行防治。此

外，要注意药物的交替使用，以免球虫对药物产生抗药性。

处方 1：氯苯胍，按 0.03%浓度拌料喂，连用 7 天，以后改用 0.015%浓度拌料长期饲喂（预防时可按 0.015%浓度拌料，连喂 45 天）。

处方 2：磺胺二甲氧嘧啶与二甲氧苄氨嘧啶按 5∶1 混合后，按 0.012%～0.013%浓度拌料饲喂，连喂 5～7 天，隔 7 天后再按上述浓度拌饲喂 5～7 天。或磺胺二甲基嘧啶（SM_2）按 0.5%～1%混于饲料或按 0.2%混于饮水投服，连用 4～5 日

处方 3：球痢灵（硝苯酰胺）与 3 倍量的磷酸钙共研细末，配成 25%预混物，用时按 0.025%浓度拌料饲喂，连喂 3～5 天（用于预防时按 0.0125%浓度拌料饲喂）。或复方敌菌净，每天按兔每千克体重 30 毫克（首次饲喂时药量加倍）拌料，连喂 3～5 天；或呋喃唑酮（痢特灵），1 月龄内的兔按 3 毫克/千克体重，1 月龄以上兔按 4 毫克/千克体重，连用 7 天；或盐霉素，按每千克饲料 50 毫克，混饲。

处方 4：黄连、黄柏各 6 克，黄芩 15 克，大黄 5 克，甘草 8 克（四黄散）。共研细末，每日每只 4 克，每天分早晚 2 次喂服，连用 3～5 天，疗效显著。

处方 5：白僵蚕 50 克，桃仁 25 克，生白术 15 克，白茯苓 15 克，猪苓 15 克，生大黄 25 克，地鳖虫 25 克，川桂枝 15 克，泽泻 15 克（球虫九味散）。共研细末，每次服 5 克，每日 2 次，连用 3～5 天，疗效很好。

处方 6：山楂、神曲、麦芽、海带各 6 克，马兰叶 100 克（球虫五味散）。共研细末，每只 4～6 克，分 2 次服用，连服 5～7 天，疗效很好。

处方 7：常山、柴胡、白术、茯苓各 15 克，陈皮 10 克，贯众 5 克，松针 20 克，黄芪 30 克，五味子 15 克，甘草 10 克

(常山克虫散)。共研细末，混合均匀，每只每天 2～4 克，分早晚 2 次喂服，或按 2%～3%比例拌料喂给，连喂 5～7 天。本方还具促进生长、提高增重率的作用。

处方 8：常山 100 克，柴胡、大黄各 30 克。共研细末，拌入 3 千克饲料内让兔自由采食，连喂 3～5 天，隔 3 天再喂 3 天。

处方 9：白头翁 500 克，茵陈 500 克，苦参 500 克，甘草 500 克，大青叶 500 克。等份共为细末，预防每千克体重 3 克，治疗每千克体重 6 克，开水泡焖 30 分钟，候温拌料内服，均连用 3 天。

处方 10：蛇床子 8 克，栀子炭 6 克，苍术 6 克，黄连 6 克，白头翁 6 克，大黄 4 克，甘草 3 克。煎水灌服，日服 2 次。适用兔球虫病，腹泻血水。

处方 11：常山 100 克。仔兔每次按每只 0.3～1 克、成年兔 1.5～2 克，水煎取汁，拌料喂服，每日 2 次。

处方 12：蒲公英 200 克，黄连 60 克，黄芩 50 克，大黄 70 克，黄柏 100 克。共研细末，等分 6 份，每日每兔口服 2 克，连用 3～7 日。

处方 13：黄牛木、金樱子、地稔、岗稔、叶下珠、马齿苋、石榴各 10 克。水煎灌服。每次 10 毫升，每日 2 次（方解：黄牛木补脾健胃，祛湿止泻。金樱子健脾燥湿，涩肠止泻。地稔、岗稔补血消疳，涩肠止泻。叶下珠健脾止泻，渗湿利水。马齿苋清热祛湿，驱虫消疳。石榴驱虫、止泻。经药理研究，本品含石榴皮碱，有驱除肠道多种寄生虫的功效。加减法：尿频者，加古羊藤、相思藤各适量。食欲减退者，去地稔、岗稔，加鸡屎藤、独脚金各适量。气血虚者，加土党参、黄精各适量。黄疸者，加阴行草、田基黄各适量。据陈抗生、林惠兰编著的《家兔常见病民间疗法》中介绍，广西中医学院动物场 67 号笼幼兔 5 只，因断奶而改食草料后，精神呆滞，食欲欠佳，日渐消瘦，尿频数，排稀烂粪便，粪便镜检发现球虫卵，诊断为肠球虫病。应用健脾祛湿、驱虫消疳治法，用此方全部治愈。黑龙江省畜牧局兽医院用此方共治疗病兔 1237 例，治愈 1231 例，疗效好）。

处方 14：阴行草、田基黄、相思藤、玉蜀黍、无根藤、马齿苋各 10 克。水煎灌服，每次 10 毫升，每日 2 次。此方治疗肝球虫病（方解：阴行草又名土茵陈，有清热利胆，祛湿消肿之效。田基黄清热祛湿，疏肝利胆。相思藤清热祛湿，利尿消肿。玉蜀黍利水通淋，退黄消肿。无根藤疏肝散淤，化湿利水。马齿苋清热利湿，驱虫消疳。诸药合用，有清热祛湿，疏肝利胆之功。加减法：粪便烂臭者，加鸡屎藤、金樱子各适量。腹胀者，加金钱草适量。精神疲乏者，加土党参适量。抽搐者，加龙胆草、钩藤各适量。

处方 15：白头翁 10 克，丹皮 5 克，板蓝根 10 克，金银花 5 克，地榆 20 克，青蒿 5 克，常山 35 克，柴胡 10 克，夏枯草 10 克，白术 10 克，茯苓 10 克，陈皮、茵陈各 10 克，麦芽 5 克。粉碎，按每只兔每次 2 克添入饲料中喂服，每天 2 次，连用 3 天（本方用于治疗兔球虫效果良好）。可根据病情加减用药，肿胀者加金钱草，精神疲乏者加党参、当归，抽搐者加龙胆草、钩藤，病久体虚者加黄精、山药；饲料中可以添加大蒜防止继发感染。

处方 16：常山 6 克，红藤、柴胡、陈皮、白头翁各 15 克，木香 6 克（常山红藤饮）。煎汤去渣，按每只兔每次 1 克生药拌入饲料中喂服，连服 3～5 天（清热解毒，杀虫解热）。

二、弓形虫病

弓形虫病是人兽共患原虫病，在人畜及野生动物中广泛传播，各种兔均可感染。我国的兔群中，弓形虫抗体阳性率有上升的趋势。

【病原】刚地弓形虫属于真球虫目、艾美亚目、弓形

虫属。本属只有 1 个种，1 个血清类型，但有不同的虫株。弓形虫在不同发育期可表现为 5 种不同形态。

1. 滋养体（速殖子）

常在急性感染期于细胞内、外出现。呈香蕉形或新月形，长 3.5～6.5 微米，宽 1.5～3.5 微米，一端尖，另一端钝圆。以瑞氏或姬姆萨染色后胞浆呈蓝色，核呈红色，位于中央或偏锐端。

2. 包囊

常在慢性感染期于细胞内出现。包囊圆形或椭圆形，直径 5～100 微米，囊壁由弓形虫形成，内含数百以至数千虫体，包囊破裂后散出的虫体为囊殖子或称缓殖子。

3. 裂殖体

仅在猫小肠黏膜上皮细胞内出现。成熟后变圆，直径 12～15 微米，内含香蕉形的裂殖子 4～29 个，呈扇形排列，游离的裂殖子大小为（7～10）微米×（2.5～3.5）微米，前端尖，后端圆，核靠后端。

4. 配子体

仅在猫小肠黏膜上皮细胞内出现。雄配子体圆或卵圆形，直径 10 微米，成熟后成 12～32 个新月形的雄配子，每个雄配子有 2 条鞭毛。雌配子体卵圆形或类球形，直径 15～20 微米。

5. 卵囊（囊合子）

椭圆或近圆形，直径为 10～12 微米，囊壁 2 层，光滑，无色，刚排出时仅含一团颗粒状物，成熟卵囊含 2 个孢子囊，大小约 8 微米×6 微米，每个孢子囊含 4 个长形、微弯的子孢子，大小为（6～8）微米×2 微米。

【流行病学】弓形虫的整个发育过程需两个宿主。猫是弓形虫的终末宿主，在猫小肠上皮细胞内进行类似于球虫发育的裂体增殖和配子生殖，最后形成卵囊随猫粪便排出体外。卵囊在外界环境中，经过孢子增殖发育为含有两个孢子囊的感染性卵囊。

弓形虫对中间宿主的选择不严。已知有 200 余种动物，包括哺乳类、鸟类、鱼类、爬行类和人都可作为它的中间宿主，猫也可作为弓形虫的中间宿主。在中间宿主体内，弓形虫可在全身各组织脏器的有核细胞内进行无性繁殖。急性时期形成半月形的速殖子（又称滋养体）及许多虫体聚集在一起的虫体集落（又称假囊）；慢性期虫体呈休眠状态，在脑、眼和心肌中形成圆形的包囊（又称组织囊），囊内含有许多形态与速殖子相似的慢殖子。

动物吃了猫粪中的感染性卵囊或含有弓形虫速殖子或包囊的中间宿主的肉、内脏、渗出物、排泄物和乳汁而被感染。速殖子还可以通过皮肤黏膜途径感染，也可以通过胎盘感染胎儿。兔饲料被含有大量弓形虫卵囊的猫粪污染，是兔场弓形虫病爆发流行的主要原因。

猫和猫科动物为主要传染源，其他家畜、家禽体内可带有包囊和滋养体，作为传染源的意义也很大。人感染弓形虫较普遍，估计全世界约有 1/4 的人血清中有抗体，欧洲人的感染率较高。本病可经消化道、直接接触、呼吸道、节肢动物及胎盘垂直传播。

【临床症状】急性型：主要发生于仔兔，病兔以突然不吃、体温升高和呼吸加快为特征。有浆液性或浆液脓

性眼睑和鼻漏。病兔嗜睡，并于几日内出现全身性惊厥的中枢神经症状。有些病例可发生麻痹，尤其是后肢麻痹。通常在发病2～8天后死亡。

慢性型：常见于老龄兔，病程较长，病兔厌食、消瘦，中枢神经症状通常表现为后躯麻痹。病兔可突然死亡，但多数病兔可以康复。

隐性型：感染兔不呈现临床症状，但血清学检查呈阳性。

【病理变化】 急性型病变以肺、淋巴结、脾、肝、心坏死为特征，有广泛性的灰白色坏死灶及大小不一的出血点，肠道黏膜出血，有扁豆大小的溃疡，胸、腹腔液增多。慢性型主要表现内脏器官水肿，有散在的坏死灶。隐性型主要表现中枢神经系统受包囊侵害的病变，可见肉芽肿性脑炎，伴有非化脓性脑膜炎的病变。

【诊断】

根据临床特征和病理变化初步诊断，确诊需要实验室检查。

1. 涂片检查

采取兔胸、腹腔渗出液或肺、肝、淋巴结等做涂片，姬氏液或瑞氏液染色后镜检。弓形虫速殖子呈橘子瓣状或新月形，一端较尖，另一端钝圆，胸浆呈蓝色，中央有一紫红色的核。

2. 小白鼠腹腔接种

取兔肺，肝、淋巴结等病料研碎后加10倍生理盐水（每毫升加青霉素1000国际单位和链霉素100毫克），在室温中放置1小时。接种前振荡，待重颗粒沉淀后取上清液接种于小白鼠腹腔。每次接种后观察20天，小白鼠发病死亡，或以其腹腔液及脏器做涂片镜检，查出虫体，可确诊。

3. 血清学诊断

目前国内应用较多的是间接血凝法。

【鉴别诊断】

1. 弓形虫病与兔巴氏杆菌病的鉴别

［**相似点**］弓形虫病与兔巴氏杆菌病均有传染性。体温高（40～41℃），不吃，眼、鼻流浆液性或脓性分泌物，呼吸快，共济失调。剖检可见肝脏有坏死点，肠黏膜充血、出血、淋巴结肿大、胸腹腔积液。

［**不同点**］兔巴氏杆菌病的病原为巴氏杆菌；症状：最急性，不显症状即突然死亡；急性，全身颤抖，四肢抽搐；亚急性，打喷嚏，胸膜炎；慢性，咳嗽，颈斜，关节炎，公兔睾丸炎，母兔子宫贮脓。剖检可见气管有多量红色泡沫，心内外膜充血、出血，肺脏、肋膜常有白色纤维素附着，鼻窦有脓液。病料涂片镜检，可见两极染色的卵圆小杆菌。

兔弓形虫病粪检，可见卵囊，腹腔液及脏器涂片镜检，可见虫体。

2. 弓形虫病与兔李氏杆菌病的鉴别

［**相似点**］弓形虫病与兔李氏杆菌病有传染性。体温高（40℃以上），不吃，结膜炎，流黏液性鼻液，运动失调，死亡快。剖检可见肝脏、脾脏有坏死灶，淋巴结肿大，胸腹腔积。

［**不同点**］兔李氏杆菌病的病原为李氏杆菌。亚急

性，头偏向一侧，转圈，孕兔流产。剖检可见子宫有化脓渗出物或暗红液体。心包有大量积液。皮下、淋巴结、肺脏水肿。病料涂片镜检，可见 V 字排列的短杆菌。

兔弓形虫病淋巴结增生，脾脏水肿，有小结节，或脑有非化脓性炎。粪检，可见卵囊，腹腔液及脏器涂片镜检，可见虫体。

3. 弓形虫病与兔波氏杆菌病的鉴别

［**相似点**］弓形虫病与兔波氏杆菌病均有传染性。仔兔多急性，成年兔多慢性。流黏液性鼻液，呼吸加快，日渐消瘦。

［**不同点**］兔波氏杆菌病的病原为波氏杆菌：仔兔常因鼻液干结堵塞鼻孔，呼吸发出鼾声。败血型则很快死亡。剖检可见肺脏、肝脏表面有脓疱，用康复兔血清作凝集反应阳性。

兔弓形虫病运动失调，死亡快。剖检可见肝脏、脾脏有坏死灶。粪检，可见卵囊，腹腔液及脏器涂片镜检，可见虫体。

4. 弓形虫病与兔肺炎克雷伯菌病的鉴别

［**相似点**］弓形虫病与兔肺炎克雷伯菌病均有传染性。体温升高，流鼻液，呼吸急促，很快衰弱，死亡。

［**不同点**］兔肺炎克雷伯菌病的病原为克雷伯菌，病兔腹胀，排黑色糊状粪，仔兔剧烈腹泻。孕兔流产。剖检可见气管出血，充满泡沫液体，肺脏充血、出血，呈大理石状。胸腹腔液血色液体。胃、小肠、盲肠有多气体。盲肠有黑褐色稀粪。病料涂片镜检，可见两端相接的卵圆或杆菌。

兔弓形虫病运动失调，死亡快。剖检可见肝脏、脾脏有坏死灶。粪检，可见卵囊，腹腔液及脏器涂片镜检，可见虫体。

5. 弓形虫病与肺炎的鉴别

［**相似点**］弓形虫病与肺炎均有体温高（41℃以上），呼吸浅表增数，流黏液性鼻液等症状。

［**不同点**］肺炎是因寒冷感冒而病，无传染性，多有阵发性咳嗽，呼吸音增强，有啰音，X线透视有絮片状致密影。

6. 弓形虫病与片形吸虫病的鉴别

［**相似点**］弓形虫病与片形吸虫病均有感染性。厌食，消瘦，贫血。

［**不同点**］片形吸虫病的病原为片形吸虫，有黄疸，眼睑、颌下、胸腹下水肿，粪检有虫卵。剖检可见胆管有虫体。

【防制】

1. 预防措施

兔场内应开展灭鼠，同时禁止养猫，加强饲草、饲料的保管，严防被猫粪污染。防止屠宰动物的废弃物和尸体污染到兔料、兔的饮食用具、水源及兔舍。

2. 发病后措施

① 兔场发生本病时，应全面检查，及早确诊 对检出的病兔和隐性感染兔，应隔离治疗。病死兔尸体要深埋或烧毁。发病兔场应对兔舍、饲养场用1%来苏尔、3%烧碱液或火焰进行消毒。

② 弓形虫病是重要的人畜共患病，因此，饲养员在

接触病兔、尸体、生肉时要注意防护，严格消毒。肉要充分煮熟或经冷冻处理（－10℃ 15 天，－15℃ 3 天可杀死虫体）后再利用。

③ 药物治疗。磺胺类药物对弓形虫病有较好的治疗效果。由于磺胺类药物对病毒无效，所以利用这一特点，可以作为诊断性治疗。

处方 1：磺胺嘧啶，每千克体重 70 毫克，三甲氧苄氨嘧啶，每千克体重 14 毫克，每日 2 次，口服，首次剂量加倍，连用 3～5 天（治疗本病效果最好）。

处方 2：磺胺甲氧吡嗪，每千克体重 30 毫克，三甲氧苄胺嘧啶，每千克体重 10 毫克，每日 1 次，口服，连用 3 天（效果良好）。

处方 3：螺旋霉素，每日每千克体重 100 毫克，均匀拌料。或强力霉素，每日每千克体重 5～10 毫克，均匀拌料内服，每日 2 次。

处方 4：双氢青蒿素，怀孕母兔，每日每千克体重 100 毫克，均匀拌料，连用 3 天。

处方 5：花椒 100 克，嫩松叶、嫩柏叶各 50 克。花椒炒后研末，嫩松叶、嫩柏叶微炒后研末，略加酒调，每次 1 克，每天 2 次。

处方 6：生石膏 5 克，葛根、金银花、菊花、白芍各 3 克，黄芩、甘草各 2 克，黄连 1.5 克，全蝎、蜈蚣各 1 克，牛藤、桑寄生各 2 克。水煎灌服，每次 15 毫升，每天 3 次。

处方 7：常山 5 克，槟榔 4 克，柴胡 3 克，麻黄 2 克，桔梗 4 克，甘草 3 克。混合粉碎加入料中，10～20 只兔 1 天用量，连用 3～5 天。

三、肝片吸虫病

肝片吸虫病是肝片吸虫寄生于肝脏胆管内而引起的一种寄生虫病。本病是一种世界性分布的人兽共患病，兔也可被寄生，特别是以青饲料为主的兔的发病率和死亡率高，可造成严重的经济损失。

【病原】 肝片吸虫寄生在肝脏胆管中，体长20～35毫米，宽为5～13毫米，背腹扁平，整个虫体呈柳叶状。

【流行病学】 虫体在胆管中产出虫卵，随胆汁进入消化道，随粪便排出体外，落入水中孵化出毛蚴。毛蚴钻入中间宿主——椎实螺体内，经过胞蚴、母雷蚴、子雷蚴多个发育阶段，最后形成大量尾蚴逸出，附着在水生植物或水面上，形成灰白色、针尖大小的囊蚴。兔吃或饮入带有囊蚴的植物或水而被感染。囊蚴进入十二指肠后童虫脱囊膜而出，穿过肠壁进入腹腔，而后经肝包膜进入肝脏，通过肝实质进入胆管发育为成虫。虫体在动物体内可生存3～5年。

【临床症状】 一般表现厌食、衰弱、消瘦、贫血、黄疸等。严重时眼睑、颌下、胸腹下出现水肿。一般经1～2个月后因恶病质而死亡。

【病理变化】 主要表现为胆管壁粗糙、增厚，呈绳索样凸出于肝脏表面，内含有虫体。但有时也出现病变严重却找不到虫体的情况。

【诊断】 实验室检查。常采用水洗沉淀法检查粪便中的虫卵。虫卵呈金黄色、椭圆形，长130～145毫米，宽

5～97毫米，有一不明显的卵盖，卵黄细胞分布均匀。

【鉴别诊断】

1. 肝片吸虫病与兔球虫病的鉴别

［**相似点**］肝片吸虫病与兔球虫病均有感染性，厌食，消瘦，贫血，黄疸。

［**不同点**］兔球虫病的病原为球虫。肠型腹胀，下痢。肝型肝区有压痛，腹水，粪球干小，外包褐色黏液如串珠状。粪检有卵囊。剖检可见肠黏膜有许多白色小结节（内有卵囊），肝表面有白或淡黄色粟粒至豌豆粒大的结节，压片低倍镜检，可见大量裂殖体、裂殖子、配子体。

2. 肝片吸虫病与兔弓形虫病的鉴别

［**相似点**］肝片吸虫病与兔弓形虫病均有感染性。厌食，消瘦，贫血。

［**不同点**］兔弓形虫病的病原为弓形虫。症状为：急性，流水样鼻液，嗜睡，运动失调；慢性，多为老龄兔，后躯麻痹，均能突然死亡。剖检可见心脏、肺脏、肝脏、脾脏、淋巴结均有坏死灶，慢性肺脏、肝脏有粟粒大结节，盲肠有溃疡。血清凝集反应阳性。

3. 肝片吸虫病与栓尾线虫病的鉴别

［**相似点**］肝片吸虫病与栓尾线虫病均有感染性，腹泻，消瘦，粪检有虫卵。

［**不同点**］栓尾线虫病的病原为栓尾线虫。寄生少时不显症状。粪检的卵壳薄，一侧扁平。剖检：盲肠、结肠黏膜上有虫体。

4. 肝片吸虫病与兔日本血吸虫病的鉴别

［**相似点**］肝片吸虫病与兔日本血吸虫病均有腹泻，消瘦，贫血等症状，粪检有虫卵。

［**不同点**］兔日本血吸虫病的病原为日本血吸虫。病兔有严重的便血。剖检可见肝脏表面有灰白或灰黄色小结节，肝脏硬化、有腹水。门静脉可找到虫体。直肠黏膜有溃疡或灰黄色坏死灶。

5. 肝片吸虫病与兔豆状囊尾蚴的鉴别

［**相似点**］肝片吸虫病与兔豆状囊尾蚴均有感染性。厌食，消瘦，腹泻。

［**不同点**］兔豆状囊尾蚴的病原为豆状囊尾蚴。症状为口渴，腹胀，嗜眠。剖检可见腹腔有囊泡。

【防制】

1. 预防措施

（1）定期驱虫　注意饮水和饲草卫生。不从低洼和沼泽地割草喂兔，不给兔饮用江河等地面水。对病兔及带虫兔要进行驱虫。常用的驱虫药：蛭得净，有效成分为溴酚磷，对童虫、成虫均有效，按每千克体重 10～15 毫克，1 次口服；碘醚柳胺，对成虫、童虫均有效，用法参照药品说明书；丙硫咪唑，对成虫有效，对童虫作用较差，用法按每千克体重 10～15 毫克，1 次口服；硫双二氯酚，对动物吸虫成虫有驱除作用，对吸虫童虫作用效果差，按每千克体重 60～80 毫克内服。用药后可出现腹泻和食欲减退等副作用。驱虫后的粪便应集中处理，达到灭虫灭卵要求。

（2）合理处理水生植物饲料　不要给兔饮用江河等

地面水，不要从低洼和沼泽地割草喂兔，最好饮用自来水或深井水。水生饲料可通过青贮发酵杀死囊蚴。据报道，水生饲料青贮发酵1个月以上，可杀死全部囊蚴。

2. 发病后措施

处方1：硝氯酚，兔每千克体重3～5毫克，口服，或兔每千克体重1～2毫克，肌内注射；或吡喹酮，兔每千克体重80～100毫克，口服；或丙硫苯咪唑，兔每千克体重20毫克，每天1次，连用3天；或硫双二氯酚，兔每千克体重80～100毫克，口服，隔2天再服1次。

处方2：绵马贯众，每次2.5克。研末内服。早晨用药后，经过1～3小时再服液体石蜡15～20毫升，以驱除被杀死及麻痹的虫体。

四、连续多头蚴病

连续多头绦虫成虫寄生于犬小肠，其中绦虫幼虫寄生于兔、野生啮类动物和人的皮下组织、肌间结缔组织，引起连续多头蚴病。

【病原】绦虫成虫长约70厘米，头节上有顶突和4个吸盘，顶突上有26～30个小钩，子宫分枝，20～25对，虫卵内含六钩蚴。

【流行病学】虫卵随犬的粪便排出体外，污染饲料或饮水，被兔等中间宿主吞入，六钩蚴便在消化道内逸出，钻入肠壁，随血流到达皮下和肌间结缔组织，最常出现在外咀嚼肌、肋肌、肩部、颈部、背部肌肉中，个别情况见于体腔和椎管中，45天内可发育至樱桃大，4个月左右达到桃至小苹果大，坚实而有弹性，在寄生部位形成无疼痛的肿胀，并能移动。数量一般为 4 个，最多达 70 个。当带有这种包囊的未经煮熟的兔肉再被狗食入后，狗即感染连续多头绦虫。

【临床症状】 发病初期症状很不明显，尤其是绒毛兔因为被毛长不易被发觉。到瘤长到核桃大小水疱时才被发现。普通多发于颈、肩、腹侧、腿部，一个或几个，逐渐长成核桃大小，发亮而软，不红肿，家兔精神正常，虽有食欲，但逐渐消瘦，治疗不当，造成死亡。

【诊断】 根据在肌肉或皮下检查到可动而无痛的包囊，可推测为本病。也可通过手术摘除包囊，镜检包囊内有许多连续多头绦虫虫节的原头蚴而确诊。

【鉴别诊断】

1. 连续多头蚴病与栓尾线虫病的鉴别

［**相似点**］连续多头蚴病与栓尾线虫病均寄生少时不显症状。食欲减退，消瘦，拉稀。

［**不同点**］栓尾线虫病的病原为栓尾线虫。尾部脱毛和皮炎。粪检有虫卵。剖检可见盲肠、结肠黏膜上发现虫体。

2. 连续多头蚴病与日本血吸虫病的鉴别

［**相似点**］连续多头蚴病与日本血吸虫病均寄生少时不显症状，消瘦，腹泻。

［**不同点**］日本血吸虫病的病原为日本血吸虫，腹泻便血，贫血，严重时出现腹水。剖检可见肝脏表面和切面有黄灰或灰白色结节，门脉血管内可找到虫体。

3. 连续多头蚴病与肝片吸虫病的鉴别

［**相似点**］连续多头蚴病与肝片吸虫病均有感染性，

厌食，消瘦，腹泻。

［**不同点**］肝片吸虫病的病原为肝片吸虫，便秘与腹泻交替，贫血黄疸，眼睑、颌下、胸腹下出现水肿。剖检可见肝脏胆管内有虫体。

4. 连续多头蚴病与野兔热的鉴别

［**相似点**］连续多头蚴病与野兔热均可在颈、股等处见到肿胀。

［**不同点**］野兔热的病原为土拉杆菌。一般有鼻炎，颌下、颈下、腋下、腹股沟体表淋巴结肿大。严重时腹泻，后肢粪污。剖检可见淋巴结红肿，有白色坏死灶。采血清与土拉伦斯抗原作凝集反应呈阳性。

【防制】

1. 预防措施

防止狗、猫粪便污染兔的饲料和饮水，同时禁用含有豆状囊尾蚴的兔肉尸和内脏喂犬、猫。不采集被狗粪污染的野草、野菜，注意环境卫生，搞好消毒。

2. 发病后措施

处方 1：吡喹酮，每千克体重 15 毫克，皮下注射，每日 1 次，连用 5 天；或甲苯咪唑，用量按每千克体重 35 毫克，连服 3 天。

处方 2：酒精棉，樟脑油。先用酒精棉擦洗患处周围，然后将水疱剖开一个小口，排出疱内无色透明液体，注入樟脑油少许，效果好。

处方 3：黄连 6 克，黄芩、黄柏各 4. 5 克，栀子 6 克。水煎灌服，每次 5 毫升，每天 3 次。

处方 4：蒲公英 5 克，银花 3 克，连翘 2. 5 克，丝瓜络 4 克，通草 4 克，芙蓉花 2 克。共研末，分几次拌在饲料里或冲水灌服，每次 3～4 克，每天 1～2 次。

处方 5：大青叶 6 克，板蓝根 6 克，生石膏 6 克，大黄 3 克，芒硝 6 克。水煎灌服，每次 10 毫升，每天 3 次。

五、豆状囊尾蚴病

【病原】 豆状囊尾蚴是豆状带绦虫的中绦期，它寄生于兔的肝脏、肠系膜以及腹腔内，也可寄生于啮齿动物体内。豆状囊尾蚴呈白色的囊泡状，豌豆大小，有的呈葡萄串状。囊壁透明，囊内充满液体，有一白色头节，上有 4 个吸盘和两圈角质钩。

【流行病学】 成虫寄生于狗、狐狸等肉食兽的小肠中，带有大量虫卵的孕卵节片随其粪便排出体外。兔食入了孕节和虫卵污染的饲料和饮水后即可感染本病。卵内的六钩蚴在兔的消化道内孵出，钻入肠壁，随血流至肝脏等部位发育成豆状囊尾蚴，使兔出现豆状囊尾蚴病的症状。含有豆状囊尾蚴的动物内脏被狗、狐狸等吞食后，囊尾蚴在其体内发育为成虫，这些动物即出现豆状带绦虫病的症状。

【临床症状】 兔轻度感染豆状囊尾蚴病后一般没有明显的症状，仅表现为生长发育缓慢。感染严重时（囊尾蚴数目达 100～200 个），可导致肝脏发炎，肝功能严重受损。慢性病例表现为消化紊乱，不喜活动等；病情进一步恶化时，表现为腹围增大，精神不振，嗜睡，食欲减退，逐渐消瘦，最终因体力衰竭而死亡。豆状囊尾蚴侵入大脑时，可破坏中枢和脑血管，急性发作时可引起病兔突然死亡。

【病理变化】剖检时常在肠系膜、网膜、肝脏表面及肌肉中见到数量不等、大小不一的灰白色透明的囊泡。囊泡常呈葡萄串状。肝脏肿大，肝实质有幼虫移行的痕迹。急性肝炎病兔，肝表面和切面有黑红色或黄白色条纹状病灶。病程较长的病例可转为肝硬变。病兔尸体多消瘦，皮下水肿，有大量的黄色腹水。

【诊断】从尸检中发现豆状囊尾蚴即可确诊。生前诊断可采用囊尾蚴囊液抗原凝集反应、间接血凝试验和酶联免疫吸附试验，其中间接血凝试验较常用，但生前确诊较为困难。

【鉴别诊断】

见连续多头蚴病的鉴别诊断。

【防制】

1. 预防措施

兔场内禁止养狗、猫，以防止其粪便污染兔的饲料和饮水。同时也应阻止外来狗、猫等动物与兔舍接触；对兔尸肉和内脏进行检疫，严禁用含有豆状囊尾蚴的动物脏器和肉喂狗、猫。同时对狗、猫定期驱虫，驱虫药可用吡喹酮，用量按动物 5 毫克/千克体重口服，驱虫后对其粪便严格消毒。

2. 发病后措施

处方 1：吡喹酮每 25 毫克/千克体重，皮下注射，每天 1 次，连用 5 天；或甲苯唑或丙硫苯咪唑 35 毫克/千克体重，口服，每天 1 次，连用 3 天。

处方 2：石榴树根皮 3 克，白糖少许。石榴树根皮水煎去渣后剩 15 毫升，加少许白糖，每天早晨一次罐服，连用 3 天。

处方 3：南瓜子 50 克，槟榔 80～100 克。早晨空腹服生南瓜子 50 克（或炒熟去皮碾成末），2 小时后喂服槟榔 80～100 克煎剂，再经半小时喂服硫酸镁溶液。

处方 4：贯众、木香、槟榔、鹤虱、使君子、雷丸各 50 克。共研末，拌入饲料中喂给，每次 5～10 克。

六、兔的蛲虫病

兔蛲虫病是由蛔虫目栓尾属的兔栓尾线虫寄生于兔的盲肠和结肠而引起的一种消化道线虫病。该病的发生影响兔的生长发育，严重时可导致兔的大批死亡。该病虽为兔的常见多发病，却往往被忽视，致使本病长期存在。

【病原】蛲虫又名四翼无刺线虫，世界性分布。寄生于上结肠，其次为盲肠。虫体为灰白色，口孔简单，口前庭极短，底部有 3 个齿围绕于食道孔。头端两侧由角质膜扩展为很窄的侧缘。雌虫为直线形。雄虫除头部外，其余部分卷曲成圆环状。雄虫长 3～5 毫米，雌虫大小约为（8～13）毫米×（0.3～0.5）毫米，无导刺带，尾尖削且很长，末端纤细，在尾基部较宽阔处有尾翼，并由 1 对有柄乳突支持，肛门后有一对无柄乳突。雌虫长 2.4～4.5 毫米，末端纤小似针尖状，阴门位于虫体前端 1.6～2.0 毫米，不易察觉。虫卵扁平，长径 90～110 微米，宽径 38～45 微米，产出时已经开始卵裂。

【流行病学】雌虫在结肠内产卵，虫卵随粪便排至外界，经 6 天左右达感染期，动物吃下感染期虫卵而感染。23 天后粪中见虫卵。世界性分布，可感染小鼠、大鼠。

【临床症状】少量感染时一般不表现临床症状。严重

感染时，患病獭兔眼睛流泪，有较重的结膜炎，食欲降低，精神沉郁，被毛粗乱，进行性消瘦，并相继出现轻微下痢，用嘴啃肛门处，可在患兔的肛门外看到爬出的成虫，也可在排出的粪便中发现虫体。

【病理变化】患兔肠黏膜受损，有时发生溃疡及大肠炎，这是由于幼虫在盲肠黏膜隐窝内发育，并以黏膜为食引起的。

【诊断】根据临床症状、病理变化可以初步诊断。

【鉴别诊断】

1. 兔的蛲虫病与兔球虫病的鉴别

［**相似点**］兔的蛲虫病与兔球虫病均有感染性，拉稀，消瘦。

［**不同点**］兔球虫病的病原为球虫。腹胀，粪检有卵囊。剖检肠黏膜有许多白色小结节，内有卵囊。

2. 兔的蛲虫病与片形吸虫病的鉴别

［**相似点**］兔的蛲虫病与片形吸虫病均有感染性，腹泻，消瘦，粪检有虫卵。

［**不同点**］片形吸虫病的病原为片形吸虫，便秘与腹泻交替发生，黄疸。颌下、腹下水肿。剖检可见胆管粗糙、增厚，肝脏内胆管有虫体。

3. 兔的蛲虫病与日本血吸虫病的鉴别

［**相似点**］兔的蛲虫病与日本血吸虫病均有感染性，腹泻、消瘦，粪检有虫卵。

［**不同点**］日本血吸虫病的病原为日本血吸虫病，多因喝有尾蚴的饮水或水草而发病。有血痢，贫血，腹水。剖检可见肝脏硬化，腹腔有水，在门静脉可见虫体。

4. 兔的蛲虫病与豆状囊尾蚴的鉴别

［**相似点**］兔的蛲虫病与豆状囊尾蚴均有感染性，食欲减退，消瘦，拉稀。

［**不同点**］豆状囊尾蚴的病原为豆状囊尾蚴。腹胀，阵发性发热，沉郁，嗜眠。剖检可见腹腔有囊泡。

【防制】

1. 预防措施

① 加强管理，提高兔体的抵抗力。注意搞好兔舍卫生，定期对环境进行消毒，及时清理粪便并堆积发酵处理，被病兔粪便污染的笼舍、饲槽、饮水槽要及时清洗消毒。

② 定期给兔驱虫，每半年驱虫 1 次，驱虫药物可用阿维菌素粉或抗蠕敏片等。

2. 发病后措施

（1）药物治疗　左旋咪唑，每千克体重 5～6 毫克，口服，每天 1 次，连用 2 天；或硫化二苯胺，以 2%的比例拌料饲喂；或 2‰阿维菌素粉，每千克兔体重用 0.25 克拌料饲喂，10 天后重复用药 1 次；或抗蠕敏（丙硫苯咪唑），每千克兔体重用 15 毫克研碎拌料饲喂，10 天后重复用药 1 次。

（2）对症治疗

处方 1：兔每千克体重用复方敌菌净 1 片，每只兔每次用酵母片 2 片，研碎拌料饲喂，每天 2 次，连用数天，直到病兔拉稀症状消失。

处方 2：大蒜。将大蒜切碎，拌入饲料，大蒜占饲料的 10%，连喂 3 天或将大蒜捣烂，加菜油少许拌匀，涂兔肛门周

围，连续7天。

处方3：贯众、木香、槟榔、鹤虱、使君子各50克。共研细末，拌入饲料中给服，或冲水灌服，每次服15毫升。

七、兔脑炎原虫病

兔脑炎原虫病是由脑炎原虫所引起的一种慢性、隐性原虫病。

【病原】兔脑炎原虫的成熟孢子大小为2微米×1.2微米，呈直或稍弯的杆形，两端钝圆，一端稍大于另一端，核致密呈圆形、卵圆形，为虫体的1/4～1/3，偏于虫的一端。在神经细胞、巨噬细胞和其他组织细胞中，可以发现虫体的假囊，囊内含有100个以上的滋养体。

【生活史】生活史尚未完全清楚，可能是通过二分裂或裂体增殖进行繁殖，自然感染尚不清楚。通过口服病变材料、鼻内接种和注射等胃肠以外途径，已使兔和小白鼠感染成功，健康兔直接接触也可感染，还可通过胎盘垂直感染。

【临床症状】一般为隐性感染、有时可有脑炎、肾炎症状。表现为惊厥，颤抖，斜颈，麻痹、昏迷和平衡失调，常出现蛋白尿。

【病理变化】肾脏有很多散在针尖大白点，或皮质表面有大小为2毫米×4毫米的灰色凹陷区。如肾脏广泛受害，表面呈颗粒样，显微镜下呈肉芽肿性肾炎。脑常有不规则白色灶状肉芽肿，以中央区坏死和周围有淋巴细胞、浆细胞、小胶质细胞、上皮细胞、巨噬细胞浸润为特征的非化脓性脑炎，尤其是与脑损害相邻区域的非化脓性脑膜炎，也是本病的一个特征。

【鉴别诊断】

1. 兔脑炎原虫病与肾炎的鉴别

［**相似点**］兔脑炎原虫病与肾炎均有肾炎症状（颤抖，昏迷，蛋白尿）。

［**不同点**］肾炎无感染性，不出现脑炎症状；兔脑炎原虫病脑有不规则肉芽肿，周围有淋巴细胞浸润，肾脏表面有白点状凹陷区，在巨噬细胞、神经细胞中可发现虫体的假囊，假囊中有滋养体。

2. 兔脑炎原虫病与食盐中毒的鉴别

［**相似点**］兔脑炎原虫病与食盐中毒均有惊厥，颤抖，平衡失调等症状。

［**不同点**］食盐中毒是因吃盐多而中毒。口渴，下痢，结膜潮红，癫痫样痉挛，血清氯化钠含量超过800～860毫克/分升。

3. 兔脑炎原虫病与妊娠毒血症的鉴别

［**相似点**］兔脑炎原虫病与妊娠毒血症均有平衡失调，惊厥，昏迷等症状。

［**不同点**］妊娠毒血症病因是孕兔后期因饲料中蛋白质、碳水化合物不足而病。呼吸困难，呼出气有酮味，尿量减少，死前流产。剖检可见母兔肥胖，卵巢黄体变大。心脏、肝脏、肾脏苍白，脂肪变性，丙酮试验阳性。

【防制】目前尚无有效治疗药物。由于生前不易诊断，感染途径多，且能通过胎盘感染，这给防治工作带来很多困难。通过改善卫生条件，清除已感染兔，对防止本病有帮助。

八、疥癣病

疥癣病（兔螨病）是由寄生于兔体表的痒螨或疥螨引起的一种外寄生性皮肤病。其中以寄生于耳壳内的痒螨最为常见，危害也较为严重，其次为寄生于足部的疥螨。本病的传染性很强，以接触感染为主，轻者使兔消瘦，影响生产性能，严重者常造成死亡。这是目前危害养兔业的一种严重疾病。

【病原】

1. 兔痒螨

兔痒螨寄生于兔外耳道。黄白色或灰白色，长0.5～0.8毫米，眼观如针尖大。虫体全形呈椭圆形，前端有一长椭圆形刺吸式口器，腹面4对肢，两对前肢粗大，两对后肢细长，突出于体缘。雄虫体后端有1对尾突，其前方有两个交合吸盘。

2. 兔疥螨

兔疥螨寄生于兔体表。呈黄白色或灰白色，长0.2～0.5毫米，眼观不易认出。虫体呈圆形，其前端有一圆形的咀嚼型口器，腹面4对肢呈圆锥形，两对后肢不突出体缘。

痒螨和疥螨全部发育过程都在动物体上完成，包括卵、幼虫、若虫、成虫4个阶段。完成整个发育过程，痒螨需10～12日，疥螨需8～22天，平均为15天。疥螨在宿主表皮挖凿隧道，以皮肤组织、细胞和淋巴液为食，并在隧道内发育和繁殖。痒螨则寄生于皮肤表面，以吸吮皮肤渗出液为食。

【流行病学】病兔是主要传染源，病兔与健康兔直接接触可以传播本病。如密集饲养、配种均可传播。通过接触螨虫污染的笼舍、食具、产箱以及饲养人员的工作服、手套等也可间接传播。本病多发于秋冬季节，日光不足、阴雨潮湿，最适合螨虫的生长繁殖并促进本病的蔓延。在饲养管理及卫生条件较差的兔场，可长年发生螨病。

螨虫在外界的生存能力很强，在温度11～20℃的条件下，可存活10～14天，在湿润的空气中，疥螨可以存活3周，痒螨可以存活2个月。

本病多发生于秋、冬季及初春季节，具有高度传染性。病兔是该病的传染源。健兔与病兔直接接触可致染病，被病兔污染的环境、兔舍、工具等可传播病原，狗及其他动物也能成为传播媒介。笼舍潮湿、饲养密集、卫生不良等均可促使本病蔓延。瘦弱和幼龄兔易遭侵袭。

【临床症状】

1. 疥螨病

疥螨病常发生于兔的头部、嘴唇四周、鼻端、面部和四肢末端毛较短的部位，严重时可感染全身。患部皮肤充血，稍微肿胀，局部脱毛。病兔发痒不安，常用嘴咬腿爪或用脚爪搔抓嘴及鼻孔。皮肤被搔伤或咬伤后发生炎症，逐渐形成痂皮。随病情的发展，病兔脚爪出现灰白色的痂皮，患部逐渐扩大，蔓延到鼻梁、眼圈、脚爪底面，同时伴有消瘦、结痂等症状。严重时病兔会衰竭死亡。

2. 痒螨病

痒螨病一般在兔耳壳基部开始发病。病初在耳内出现灰白色至黄褐色渗出物，渗出物干燥后形成黄色痂皮，严重时可堵塞耳孔。局部脱毛。病兔不安，消瘦、食欲减退，不断摇头，用脚爪抓挠耳朵，严重时可引起中耳炎、耳聋和癫痫等。

【病理变化】 本病病变主要在皮肤。皮肤发生炎性浸润、发痒，发痒处形成结节及水泡。当结节、水包被咬破或蹭破时，流出渗出液，渗出液与脱落的细胞、被毛、污垢等混杂在一起，干燥后结痂。痂皮被擦破后，又会重新结痂。随着病情的发展，毛囊和汗腺受到侵害，皮肤角质化过度，患部脱毛，皮肤肥厚，失去弹性而形成皱褶。

【诊断】 选择病兔患病皮肤交界处，剪毛消毒后，用蘸有少量50%甘油水溶液的外科手术刀刮取皮屑，直到皮肤微出血。将刮下的皮屑放于载玻片上，滴几滴煤油使皮屑透明，然后放上盖玻片，在低倍显微镜下观察查找虫体。也可将刮取的皮屑放在培养皿内或黑纸上，在阳光下曝晒，或用热水或火等对皿底或黑纸底面加温至40～50℃，30～40分钟后移去皮屑，在黑色背景下，肉眼见到白色虫体爬动，即可确诊。

【鉴别诊断】

1. 兔螨病（耳螨）与中耳炎的鉴别

［**相似点**］兔螨病（耳螨）与中耳炎均有耳下垂，外听道有分泌物，耳部有痂皮等症状。

［**不同点**］中耳炎是巴氏杆菌和葡萄球菌混合感染所

致。耳道内发炎，初期有痂皮（耳壳无痂皮），但无硬痂皮，无渗出物。耳螨的痂皮在耳壳，而不在耳道，并有螨虫。

2. 兔螨病（身螨）与脱毛癣的鉴别

［**相似点**］兔螨病（身螨）与脱毛癣均有脱毛等临床表现。

［**不同点**］脱毛癣的病原是真菌毛鲜霉毒或小孢霉毒。皮肤充血，发红，毛囊周围发炎，无硬痂皮，不化脓，刮去患部皮屑镜检见菌丝和孢子。兔螨病患部有麸皮状的白屑，痂皮硬块，有渗出物。

3. 兔螨病（身螨）与兔虱病的鉴别

［**相似点**］兔螨病（身螨）与兔虱病均有传染性。皮肤瘙痒，爪抓，啃咬，摩擦。

［**不同点**］兔虱病的病原为兔虱，拨开被毛，可见毛根黏附的虫卵和黑虱在爬动。兔螨病患部有麸皮状的白屑，痂皮硬块，有渗出物。

4. 兔螨病（身螨）与脚垫及脚皮炎的鉴别

［**相似点**］兔螨病（身螨）与脚垫及脚皮炎均有脚部肿胀，有痂等症状。

［**不同点**］脚垫及脚皮炎是因地面粗糙、潮湿而病，无传染性。常形成溃疡，痂皮薄，疼痛。无厚痂皮，无奇痒。

【防制】

1. 预防措施

① 加强饲养管理。营养状态好的兔，得螨病少或发病较轻，因此，一定要喂给全价饲料，特别是含维生素

较多的青饲料，如胡萝卜等；兔舍应保持干燥卫生，通风透光，勤换垫草，勤清粪便。

② 兔舍、笼具要全面消毒。可用三氯杀螨醇、0.05%敌百虫等杀螨剂喷洒。

③ 新购进的兔要隔离饲养，确定无病后再混群。经常检查兔群，发现病兔及时隔离治疗。已治愈的兔应治愈20～30天后再混群。

2. 发病后的措施

螨病具有高度的传染性，遗漏一个小的患部，散布少许病料，就有继续蔓延的可能。因兔子不耐药浴，治疗兔螨病时不宜用药浴。因此，治疗螨病时一定要细致认真，遵循以下原则。一要全面检查。治疗前，应详细检查所有病兔，一只不漏，并找出所有患部，便于全面治疗。二要彻底治疗。为使药物和虫体充分接触，将患部及其周围3～4厘米处的被毛剪去，用温肥皂水彻底刷洗，除掉硬痂和污物，最好用5%来苏尔液刷洗1次，擦干后涂药。三要重复用药。治疗螨病的药物，大多数对螨卵没有杀灭作用，因此，即使患部不大，疗效显著，也必须治疗2或3次（每次间隔5天），以便杀死新孵出的幼虫。四要环境消毒。处理病兔的同时，要注意把笼具、用具等彻底消毒（用杀螨剂）。治疗螨病的药物很多，可选择药物治疗。

处方1：伊维菌素（又名获灭、阿佛菌素、依佛麦克亭等，该药由国外进口，对兔的线虫、螨、蜱、蝇蛆等体内外寄生虫均有较强的驱杀作用。本药低毒，对人畜安全，皮下注射，方便快捷，药物可达全身各部，不会造成患部溃疡）每千克体重

0.02～0.04 毫克，皮下注射，7 天再注射 1 次，一般病例 2 次可治愈，重症者隔 7 天再注射 1 次。

处方 2：双甲脒（成分为有机氮类，高效低毒。现市场上供应的多为 12.5%的双甲脒）按 1∶250 加水稀释成 0.05%的水溶液，涂擦患部。对耳螨可用棉球蘸取 0.05%的水溶液涂擦患部后，将棉球放入外耳道，棉球的含药量不要太多，以挤压无药液流出为适度。

处方 3：三氯杀螨醇，与植物油按 5%～10%的比例混匀后，涂于患部，1 次即愈。用 500～1 000 倍稀释的三氯杀螨醇水溶液喷洒兔舍、笼具，可以杀死虫卵、幼虫及成螨。对兔无不良反应。另外，国外使用双氢除虫素（据报道，本药品具有高效低毒的特点，药物成本低于伊维菌素），每千克体重 400 微克，皮下注射，7 天后再注射 1 次，疗效较好。

处方 4：1%敌百虫溶液洗耳后撒布青霉素；或米醋、来苏尔等量混匀，涂搽患处；或 75%酒精 90 份、水杨酸钠粉 6 份、醋酸 4 份，混匀冲洗患部。

处方 5：食用醋 500 毫升，粗烟丝 50 克（食用醋加粗烟丝，煮沸后再续煮 10 分钟煎成粥状，即成醋烟煎汁）。先剪掉兔患部周围的毛，再用 3%～5%的温肥皂水洗患处，去痂皮。洗后隔半天到 1 天，再用软牙刷蘸取温的醋烟煎汁，遍涂患处。或烟叶 3 克，加醋 3 毫升，煎后去渣，熬成浓液，涂擦患部就可长出新毛，再继续擦 3～4 次即痊愈。也可用土烟丝浸米醋，1 周后去渣留汁擦敷兔患处。

处方 6：明矾 30 克，硫黄 10 克，芒硝 20 克，青盐 20 克，乌梅 20 克，诃子 20 克，川椒 15 克。煎水涂搽，适用犬、猫、兔螨。

处方 7：蛇床子 20 克，雄黄 10 克，硫黄 10 克。蛇床子碾末过筛后加雄黄、硫黄末混匀，倒入 500 毫升液体石蜡中，加 2

毫升来苏尔，备用。取三氯杀螨醇乳油 2 毫升，来苏尔 0.2 毫升、食用油 100 毫升，加热混匀，备用。以两种备用合剂交替涂搽。适用兔螨病。

九、兔虱病

兔虱病是由兔虱寄生于兔体表所引起的一种慢性寄生虫病。

【病原】 舍饲家兔虱病一般为兔嗜血虱，成虱长 1.2～1.5 毫米，靠吸兔血维持生命，1 只成虱日可吸血 0.2～0.6 毫升。成熟的雌虫排出带有胶黏物质的、圆筒形的卵，能附着于兔毛根部，经过 8～10 天童虫从卵中钻出，成为幼虫。幼虫在 2～3 周内经 3 次蜕皮发育为性成熟的成虫。雌成虫交配后 1～2 天开始产卵，可持续约 40 天。

【流行病学】 主要是接触传染。病兔和健康兔直接接触，或通过接触被污染的兔笼、用具均可染病。

【临床症状】 兔虱在吸血时能分泌有毒素的唾液，刺激神经末梢发生痒感，引起兔子不安，影响采食和休息。有时在皮肤内出现小结节、小出血点甚至坏死灶。病兔啃咬或到处擦痒生成皮肤损伤，可继发细菌感染，引起化脓性皮炎。患兔消瘦，幼兔发育不良。因此，对幼兔危害严重，且降低毛皮质量。

【诊断】 用手拨开患兔被毛，肉眼可以看到黑色小兔虱在活动，在毛根部可见淡黄色的虫卵。

【鉴别诊断】

兔虱病与螨病的鉴别

［**相似点**］兔虱病与螨病均有传染性。皮肤瘙痒，啃

咬和摩擦。

[**不同点**] 螨病的病原为螨、痒螨。螨多寄生于外耳道，有痂皮和渗出液。疥螨寄生于表皮内，均奇痒。刮取痂皮低倍镜镜检，可见螨虫。

【防制】

1. 预防措施

首先要防止将患虱病的兔引入健康兔场。对兔群定期检查，发现病兔立即隔离治疗。兔舍要经常保持清洁、干燥、阳光充足，并定期消毒和驱虫。

2. 发病后措施

处方 1：伊维菌素，每千克体重 0.02 毫克，一次皮下注射，效果很好；或用 0.0023% 的蝇毒磷或 0.5%～1% 敌百虫溶液涂擦，或用 20% 氰戊菊酯 5000～7500 倍稀释液涂擦，疗效较好。

处方 2：百部根 1 份，清水 7 份，煮 20～30 分钟，待冷却到与兔体温一样时，用棉花蘸取药液涂于患处。在 24 小时内就可杀死兔虱。

第三章　兔中毒病的类症鉴别与防治

一、霉变饲料中毒

【病因】 饲料被烟曲霉、镰刀菌、黄曲霉菌、赭曲霉、白霉菌、黑霉菌等污染，霉菌产生毒素，兔采食而发生中毒。烟曲霉菌的营养菌丝有隔膜；分生孢子梗直立，顶囊呈倒烧瓶状，直径为20～30微米，与分生孢子梗一样带绿色。分生孢子呈球形或近球形，淡绿色，表面有细刺，直径为2～3微米。在察氏培养基上28℃培养，最初为白色绒毛状菌落，形成孢子时呈蓝绿色，进而变成烟绿色。

【临床症状】 由于毒源极多，症状复杂。病兔口唇、皮肤发紫，全身衰弱、麻痹，初期食欲减退甚至拒食，精神不振，可视黏膜黄染，被毛干燥粗乱，不愿活动，常将两后肢膝关节凸出于臀部呈山字形趴卧在笼内。粪便软稀、带有黏液或血液。随病情加重，出现神经症状，后肢软瘫，全身麻痹死亡。日龄小的仔兔、幼兔及日龄大而体弱的兔发病多，死亡率高。妊娠母兔可发生流产，发情母兔不受孕，公兔不配种。

【病理变化】剖检可见肠胃为出血性坏死性炎症，胃与小肠充血、出血；肝肿大、质脆易碎，表面有出血点；肺水肿，表面有小结节；肾脏瘀血。

【诊断】本病可根据有饲喂发霉饲料或垫草发霉的经过做出初步诊断。确诊需作实验室检查，取病变组织（以结节中心为好），置载玻片上，加生理盐水1～2滴或2%氢氧化钾少许，用细针将结节弄碎，10～20分钟后，盖上盖玻片，于弱光下镜检，见到特征性的菌丝体和孢子，即可确诊。也可将病料接种于马铃薯培养基及其他真菌培养基上，进行分离培养和鉴定，予以确诊。

【鉴别诊断】

1. 霉变饲料中毒与兔结核病的鉴别

［**相似点**］霉变饲料中毒与兔结核病均有进行性消瘦、呼吸困难等临床表现及肺脏有结节状坏死灶。

［**不同点**］兔结核病的病原是结核菌，还表现有明显的咳嗽喘气，有的出现腹泻，四肢关节变形等。结核结节可发生在除肺脏和肝脏以外的其他脏器如胸膜、腹膜、肾脏、心包以及全身淋巴结等部位，采取病料涂片，用抗酸染色法染色镜检，可见细长丝状、稍弯曲的红色结核杆菌。霉变饲料中毒病兔口唇、皮肤发紫，全身衰弱、麻痹；肺水肿、表面有小结节，其他部位没有结节。

2. 霉变饲料中毒与兔肺炎的鉴别

［**相似点**］霉变饲料中毒与兔肺炎均有呼吸困难，精神不振，少食等临床表现。

［**不同点**］兔肺炎还表现出明显的咳嗽，呼吸浅表，听诊有湿性啰音，体温升高等。该病多发于气候突变时，见于个别幼兔，没有传染性。剖检肺部没有黄白色的结节。

3. 霉变饲料中毒与有机磷农药中毒的鉴别

［**相似点**］霉变饲料中毒与有机磷农药中毒均有食欲不振或废食，流涎，肌肉震颤，心跳快，呼吸迫促，黏膜发绀等症状。剖检可见胃、肠黏膜充血、出血，黏膜易脱落。肺脏充血、水肿。膀胱有积尿。

［**不同点**］有机磷农药中毒是因吃了被有机磷农药污染的饲料而病。患兔有呕吐，腹胀痛，尿失禁等症状。瞳孔缩小，眼球斜视。剖开胃肠有大蒜味，气管、支气管有黏液。取农药加生理盐水振摇后，加氢氧化钠，如金黄色为1605；如无色，加硝酸银出现黑色为敌敌畏，出现棕色为乐果，出现白色为敌百虫。

4. 霉变饲料中毒与马杜霉素中毒的鉴别

［**相似点**］霉变饲料中毒与马杜霉素中毒均有拒食，伏卧，流涎，嗜睡等症状。剖检可见肝脏肿大、质脆、出血。胃肠出血，黏膜脱落。

［**不同点**］马杜霉素中毒是吃马杜霉素（抗球虫药）过量而病。共济失调。剖检可见心包积液，心肌松软。

5. 霉变饲料中毒与棉籽饼中毒鉴别

［**相似点**］霉变饲料中毒与棉籽饼中毒均有食欲减退，体温正常或升高等症状。先便秘后腹泻，粪中有黏液和血，尿红色。

［**不同点**］棉籽饼中毒因吃棉籽饼过量或长期喂饲而

病。尿频，尿血，排尿时带痛。

6. 霉变饲料中毒与敌鼠钠盐和杀鼠灵中毒鉴别

［**相似点**］霉变饲料中毒与敌鼠钠盐和杀鼠灵中毒均有废食，腹泻，粪有血液，尿血，皮肤发紫，麻痹死亡。孕兔流产。

［**不同点**］敌鼠钠盐和杀鼠灵中毒是因吃了敌鼠钠盐和杀鼠灵而中毒。鼻、齿龈出血，关节肿大。剖检可见皮下出血，腹腔暗红色血水，血液暗红色不凝固，心内血液鲜红色、不凝固。病料残渣处理后检验，有红色悬浮物。

7. 霉变饲料中毒与氰化物中毒鉴别

［**相似点**］霉变饲料中毒与氰化物中毒均有体温不高，流涎，呼吸迫促等症状。

［**不同点**］氰化物中毒是因吃高粱、玉米幼苗或再生苗而病。可视黏膜鲜红，瞳孔散大，最后呼吸麻痹死亡。

8. 霉变饲料中毒与马铃薯中毒鉴别

［**相似点**］霉变饲料中毒与马铃薯中毒均有沉郁，废食，拉稀粪、有血液，可视黏膜发绀等症状，晚期麻痹死亡。

［**不同点**］马铃薯中毒是因吃发芽、腐败马铃薯或茎叶而病，有时腹胀，四肢、头颈部、阴囊、乳房出现疹块。

【防制】平时应加强饲料保管，防止霉变。霉变饲料不能喂兔。霉菌中毒尚无特效、特定的药物治疗，一般采取对症治疗措施。首先停喂有毒饲料，采取洗胃的办法清除毒物。如出现肌肉痉挛或全身痉挛，可肌内注射

盐酸氯丙嗪3毫克/千克体重，或静脉注射5%的水合氯醛1毫升/千克体重。也可试用制霉菌素、两性霉素B等抗真菌药物治疗。饮用稀糖水和维生素C水，或将大蒜捣烂，每只成年兔每日2～5克，分2次拌料饲喂，亦有一定疗效。病情严重者可静脉注射10%葡萄糖6毫升/千克，维生素C 2毫升/千克。

二、亚硝酸盐中毒

【病因】亚硝酸盐中毒是由于兔吃了含有亚硝酸盐的植物所致。如果给兔长期大量饲喂贮存过久的胡萝卜、青萝卜及青菜、白菜、甘蓝、牛皮菜、空心菜、菠菜等，易导致兔中毒。这是由于这些饲料在其存放时堆积发热、腐败，在贮藏运输过程中或兔体内硝酸盐还原成亚硝酸盐造成的。

【临床症状】最急性病例表现躁动不安，站立不稳，很快倒地死亡。急性病兔腹泻，呼吸困难，稀粪便带血，血尿，精神沉郁，流涎，卧笼不起，全身发绀，死亡前嘶叫。死亡症状与球虫病相近。

【病理变化】剖检可见血液呈黑褐色，肠道积水量大，呈黄色，伴有血液，肠黏膜脱剥，肝、肾肿大。

【诊断】根据患兔有吃含有较多硝酸盐和亚硝酸盐的历史，结合临床症状可以做出诊断。

【鉴别诊断】

1. 亚硝酸盐中毒与马杜霉素中毒的鉴别

［**相似点**］亚硝酸盐中毒与马杜霉素中毒均有拒食、委顿、流涎、伏卧、很快死亡等症状。剖检可见胃黏膜出血、

脱落，肺脏出血、水肿。

［**不同点**］马杜霉素中毒是因吃马杜霉素过量而中毒。共济失调，嗜眠。剖检可见肾脏肿大、质脆，皮质出血，心肌松软，脾脏肿大、瘀血。

2. 亚硝酸盐中毒与氰化物中毒的鉴别

［**相似点**］亚硝酸盐中毒与氰化物中毒均有流涎，站立不稳，呼吸迫促等症状。

［**不同点**］氰化物中毒是因吃高粱、玉米幼苗或再生苗，或木薯而中毒。可视黏膜鲜红，兴奋，瞳孔散大，眼球突出，最后呼吸麻痹，死亡。

【防制】

1. 预防措施

改善青绿饲料的堆放方式，防止青绿饲料中的硝酸盐转变成亚硝酸盐，一旦青绿饲料因贮存不当而变黄发霉，禁止喂动物（兔）。对可疑饲料、饮水，临用前用芳香胺试纸进行简易化验，确认无毒后再饲喂（芳香胺试纸的制备是预先配制成试剂Ⅰ液、Ⅱ液。Ⅰ液用对氨基苯磺酸1克、酒石酸40克、水100毫升配成；Ⅱ液用甲萘胺0.3克、酒石酸20克、水100毫升配成。将滤纸用Ⅱ液浸透后阴干，再用Ⅰ液浸透，然后在20℃中避光烘干，切成小试纸条，密封贮存在干燥有色瓶中备用）。

2. 发病后治疗

立即停喂含有亚硝酸盐的饲料草，用0.1%高锰酸钾洗胃，5%葡萄糖10～100毫升静脉注射，内服1%鞣酸或活性炭。服用具有刺激造血机能、抗坏血、抵抗传染等作用的维生素C 100～300毫克。重度中毒兔可静脉

注射1%美蓝（亚甲蓝）每次1毫克。

三、氢氰酸中毒

氢氰酸中毒是由于家畜采食富含氰苷配糖体的青饲料，在胃内由于酶和胃酸的作用，产生游离的氢氰酸，而发生中毒。大家畜发病较多，兔也发生。

氰苷配糖体本身是无毒的，但当含有氰苷配糖体的植物被动物采食，咀嚼时在有水分及适宜的温度条件下，在植物的脂解酶作用下产生氢氰酸。氢氰酸进入机体，氰离子能抑制细胞内许多酶的活动，如细胞色素氧化酶、过氧化物酶、接触酶、琥珀酸脱氢酶等活动都受到抑制，其中最显著的是细胞色素氧化酶。

氰离子能迅速与氧化型细胞色素氧化酶的三价铁结合，使其失去传递氧的能力，破坏组织内的氧化过程，阻止组织对氧的吸收作用，导致机体缺氧症（组织缺氧）。

【病因】高粱和玉米的新鲜幼苗，南方地区的木薯、蔷薇科植物如桃、李、梅、杏、枇杷、樱桃的叶和种子中都含有氰苷配糖体。当兔吃了含有上述物质的饲料时，只要达到一定的量就可引起中毒。

【临床症状】氢氰酸中毒的主要特征为呼吸困难，呼出的气体有苦杏仁味。震颤抽搐、腹泻、气胀等。重度中毒的病例表现惊厥，口腔黏膜鲜红，衰竭死亡，出现血红蛋白败血症。

【病理变化】剖检病兔，血液凝固不良，鲜红色。气管、支气管内有大量泡沫性液体，肺水肿，实质器官变性。胃肠黏膜和浆膜有出血，内容物有苦杏仁味。

【诊断】根据有吃含氰苷配糖体的草料病史，有呼吸困难症状，口腔黏膜鲜红色，血液鲜红色，胃肠内容物有苦杏仁味可做出诊断。

【鉴别诊断】

1. 氢氰酸中毒与中暑鉴别

［**相似点**］氢氰酸中毒与中暑均有口流泡沫，呼吸迫促，行走不稳，兴奋等症状，很快死亡。

［**不同点**］中暑是因夏季闷热，日晒发病，全身灼热，体温40～42℃，结膜发绀，间歇痉挛。

2. 氢氰酸中毒与有机磷农药中毒鉴别

［**相似点**］氢氰酸中毒与有机磷农药中毒均有流涎，兴奋，呼吸困难等症状，最后呼吸麻痹，死亡。

［**不同点**］有机磷农药中毒是因吃了被有机磷农药污染的饲草而发病。瞳孔缩小，眼球斜视，流泪，腹痛，腹泻，尿失禁，牙关紧闭，角弓反张，黏膜苍白或发绀（不呈鲜红色）。剖检胃肠有浓烈大蒜味。

3. 氢氰酸中毒与霉菌毒素中毒鉴别

［**相似点**］氢氰酸中毒与霉菌毒素中毒均有流涎，呼吸迫促，体温不高等症状。

［**不同点**］霉菌毒素中毒是因吃含霉菌毒素的饲料而病。先便秘后腹泻，粪含黏液或血液，皮肤发紫，黄染。剖检可见肺脏充血、水肿，表面有霉菌结节。

4. 氢氰酸中毒与菜籽饼中毒鉴别

［**相似点**］氢氰酸中毒与菜籽饼中毒均有流涎，呼吸增数，瞳孔散大，站立不稳等症状。

［**不同点**］菜籽饼中毒是因吃未去毒的菜籽饼而病。可视黏膜发绀，耳尖、四肢下端发凉，腹胀、腹痛、腹泻，粪中带血。

5. 氢氰酸中毒与硝酸盐和亚硝酸盐中毒鉴别

［**相似点**］氢氰酸中毒与硝酸盐和亚硝酸盐中毒均有流涎，呼吸迫促，站立不稳等症状。

［**不同点**］硝酸盐和亚硝酸盐中毒是因吃堆积或腐烂青草、菜叶而中毒。趴在笼中，腹痛，磨牙，血液暗红。取病料在试管中加格里试剂显紫色。

【防制】不让兔采食含有氰化物的饲料，尤其高粱、玉米的幼苗，以及收割后根上的再生苗及木薯等。发现病兔应立即治疗。

处方1：1%亚硝酸钠每千克体重1毫克，静注，注后再用5%硫代硫酸钠每千克体重3～5毫升静注。

处方2：美蓝每千克体重10～20毫克配成5%溶液，静注后再注硫代硫酸钠。

四、食盐中毒

适量的食盐可增进食欲，帮助消化，但饲喂过多，可引起中毒，甚至死亡。临床上以神经症状和一定的消化机能紊乱为特征。

【病因】有些地区用咸水（含盐量可达1.3%）作家兔的饮用水；或在饲料中添加盐过多，而且饮水不足，易发生食盐中毒。

【临床症状】病初食欲减退，精神沉郁，结膜潮红，下痢，口渴，口黏膜充血。继而出现兴奋不安，头部震颤，步样蹒跚。严重的呈癫痫样痉挛，角弓反张，呼吸困难，最后卧地不起而死。

【病理变化】 病兔胃肠黏膜出血性炎症，肝脏、脾脏、肾脏肿大。

【诊断】 根据饲料中加盐量是否过多，饮水是否充足，是否饮用咸水的历史，结合临床症状初步诊断。

【鉴别诊断】

1. 食盐中毒与脑炎原虫病的鉴别

[**相似点**] 食盐中毒与脑炎原虫病均有惊厥，颤抖，平衡失调等症状。

[**不同点**] 脑炎原虫病的病原为脑炎原虫。斜颈，肾炎，蛋白尿，不出现口渴、下痢。剖检可见脑有不规则的肉芽肿和非化脓性脑膜炎，肾脏表面有出血点、颗粒样肉芽和凹陷区。

2. 食盐中毒与维生素 B_1 缺乏症的鉴别

[**相似点**] 食盐中毒与维生素 B_1 缺乏症均有腹泻，运动失调，痉挛等症状。

[**不同点**] 维生素 B_1 缺乏症病因是饲料缺乏维生素 B_1，剖检，脑灰质软化。

【防制】

1. 预防措施

饮水含食盐量不能过高，日粮中的含盐量不应超过0.5%。平时要供应充足的饮水。

2. 发病后治疗

发现食盐中毒的兔要勤饮水，可以内服油类泻剂 5～10 毫升。根据症状，可采用镇静、补液、强心治疗措施。

五、兔棉籽饼中毒

棉籽饼是良好的精料之一，常作日粮的辅助成分饲喂家兔。但棉籽饼中含有一定的有毒物质，其中主要成分是棉酚及其衍生物，能降低血液对氧的携带能力，加重呼吸器官的负担。棉酚对胸膜、腹膜和胃肠有刺激作用，能引起这些组织发炎，增强血管壁的通透性，促进血浆和血细胞渗到外围组织，使受害组织发生浆液性浸润和出血性炎症。

【病因】长期过量喂给家兔棉籽饼，即可引起中毒。

【临床症状】病初精神沉郁，食欲减退，有轻度的震颤。继而出现明显的胃肠功能紊乱，病兔食欲废绝，先便秘后腹泻，粪便中常混有黏液或血液。体温正常或略升高。脉搏疾速，呼吸促迫，尿频，有时排尿带痛，尿液呈红色。

【病理变化】胃肠道呈出血性炎症。肾脏肿大、水肿，皮质有点状出血，肺瘀血、水肿。

【诊断】有长期饲喂棉籽饼史，结合临床症状和病变初步诊断。实验室检查，尿蛋白阳性，尿沉渣中可见肾上皮细胞及各种管型。

【鉴别诊断】

1. 兔棉籽饼中毒与有机磷中毒的鉴别

[**相似点**] 兔棉籽饼中毒与有机磷中毒均有食欲不振，腹泻，粪中含有黏液等症状。心跳、呼吸增速，全身震颤，尿频。

[**不同点**] 有机磷中毒是因吃有机磷农药污染的饲料

而病。流涎，腹胀痛，瞳孔缩小，眼球斜视，昏迷至死亡。剖检胃内容有大蒜味。

2. 兔棉籽饼中毒与霉菌毒素中毒的鉴别

［**相似点**］兔棉籽饼中毒与霉菌毒素中毒均有食欲减退，体温正常或升高，先便秘后腹泻，粪有黏液和血液，尿红色等症状。

［**不同点**］霉菌毒素中毒是因吃霉变饲料而发病。可视黏膜发绀、黄染、肌肉痉挛，后肢瘫痪，全身麻痹死亡；剖检可见肝脏肿大，淡黄色，有出血点；肺脏充血、出血，有霉菌结节。

3. 兔棉籽饼中毒与敌鼠钠盐中毒鉴别

［**相似点**］兔棉籽饼中毒与敌鼠钠盐中毒均有不食，精神不振，拉稀，含血，尿血等症状。剖检可见胃肠道有出血性炎症。

［**不同点**］敌鼠钠盐中毒是因误吃敌鼠钠盐而病。呕吐，鼻、齿龈出血。皮肤发紫，关节肿大。剖检可见尸僵不全，天然孔出血，皮下出血，胃黏膜脱落，底部有溃疡。血液凝固不良，肠管后段充满血液，化验饲料有红色悬浮物。

【防制】

1. 预防措施

平时不能以棉籽饼作为主饲料喂给家兔。适当添加时，为安全起见可采取下述方法处理，使之减毒或无毒：按重量比向棉籽饼内加入10%大麦粉或面粉后，掺水煮沸1小时，可使游离棉酚变为结合状态而失去毒性。在含有棉籽饼的日粮中，加入适量的碳酸钙或硫酸亚铁，

可在胃内减毒。

2. 发病后的措施

发现中毒立即停喂棉籽饼，然后全群饮用0.05%的高锰酸钾水和对病兔耳静脉注维生素C 3毫升、25%葡萄糖15毫升，并补充维生素A或胡萝卜，补充钙和铁，配合青绿饲料等可以提高疗效。

六、菜籽饼中毒

菜籽饼是油菜籽榨油后剩余的副产品，是富含蛋白质（32%～39%）的饲料，其含量是玉米、高粱的4～5倍；我国西北部地区广泛用以饲喂各种动物。在菜籽饼中含有芥子苷、芥子酸等成分。芥子苷在芥子酶的作用下，可水解形成噁唑烷硫酮、异硫氰酸盐等毒性很强的物质，这些物质对胃肠黏膜具有较强的刺激和损害作用。可使甲状腺肿大，新陈代谢紊乱，出现血斑，并影响肝脏、肾脏等器官的功能。

【病因】若长期饲喂不经去毒处理的菜籽饼，即可引起中毒。

【临床症状】呼吸增速，可视黏膜发绀，肚腹胀满，有轻微的腹痛表现，继而出现腹泻，粪便中带血。严重的口流白沫，瞳孔散大，四肢末梢部发凉，全身无力，站立不稳。孕兔可能发生流产。

【病理变化】主要见皮下、肝、脾、肺、心、肾、大小肠均有散在性出血点，肝脾肿大，胃肠黏膜剥脱。病理组织学观察，可见肺泡壁充血，部分肺泡内充满红细胞，肺血管高度充血，有的出现玻璃样变。肝小叶中央静脉及汇管区血管高度充血，肝小叶窦状隙充满红细胞而占满整个囊腔，肾小管因血管丛充满红细胞而占满整个囊腔，肾小管上皮细胞弥漫性坏死，皮质部明显出血，脾静脉窦充满。红细胞浸入脾使脾小体呈岛屿状。心肌变性，毛细血管高度充血。神经细胞坏死，胞核浓染或消失，有的呈空泡样，小胶质细胞灶状浸润，脑实质毛细血管高度充血或玻璃样变，神经细胞与毛细血管周围间隙明显增宽，大小肠、胃黏膜上皮细胞弥漫性坏死，固有层炎症细胞弥漫性浸润、出血。

【诊断】 有长期饲喂菜籽饼史，结合临床症状和病理组织学变化可以诊断。

【鉴别诊断】

1. 兔菜籽饼中毒与肠臌气鉴别

［**相似点**］兔菜籽饼中毒与肠臌气均有肚胀，腹痛，可视黏膜发绀，流涎等症状。

［**不同点**］肠臌气是因吃易发酵饲料而引起肠臌胀。腹部膨满，叩之鼓音，伏卧不动，呼吸困难，最后窒息死亡。

2. 兔菜籽饼中毒与氰化物中毒鉴别

［**相似点**］兔菜籽饼中毒与氰化物中毒均食后中毒，流涎，呼吸增数，瞳孔散大，站立不稳。

［**不同点**］氰化物中毒是因吃高粱、玉米幼苗或再生苗而发病。可视黏膜鲜红。

【防制】

1. 预防措施

喂饲前，对菜籽饼要进行去毒处理。目前国内推广

应用的去毒方法如下。

① 坑埋法。即将菜籽饼用土埋入容积约1立方米的土坑内，经放置2个月后，据测定约可去毒99.8%。

② 发酵中和法。即将菜籽饼经过发酵处理，以中和其有毒成分，本法约可去毒90%以上，且可用工厂化的方式处理。

③ 浸泡煮沸法。即将菜子饼粉碎后用热水浸泡12～24小时，弃掉浸泡液，再加水煮沸1～2小时，使毒素蒸发掉后再饲喂家兔。这是最简便的方法。

2. 发病后措施

本病无特效解毒药。发现中毒后，立即停喂菜籽饼，灌服0.1%高锰酸钾液。根据病兔的表现，可实施对症治疗，应着重于保肝，维护心、肾机能；在用药过程中，可配伍维生素C制剂。

七、马铃薯中毒

【病因】马铃薯含有马铃薯毒素，又称龙葵素，幼芽中含量最多（0.5%），其次是绿叶中（0.25%）。发芽的或腐烂的马铃薯，以及由开花到结有绿果的茎叶含毒量最多，家兔大量采食后，极易引起中毒。

【临床症状】马铃薯毒素吸收后损伤胃肠黏膜。还能作用于中枢神经系统，出现神经机能紊乱。病兔精神沉郁，结膜潮红或发绀。消化机能紊乱，拒食，流涎，有轻度腹痛，腹泻，粪便中常混有血液，有时出现腹胀。于四肢、阴囊、乳房、头颈部出现疹块。晚期可能出现进行性麻痹，呈现站立不稳、步态摇晃等神经症状。

【病理变化】 胃肠黏膜充血、出血，上皮细胞脱落。肝、脾肿大、瘀血。有时见有肾炎病变。

【诊断】 有饲喂发芽、腐烂马铃薯或马铃薯茎叶史，结合临床症状和病理变化初步诊断。

【鉴别诊断】

1. 马铃薯中毒与兔产气荚膜梭菌（A型）病鉴别

［**相似点**］马铃薯中毒与兔产气荚膜梭菌（A型）病均有黏膜发绀，腹胀，腹泻和粪中有血液等症状。

［**不同点**］兔产气荚膜梭菌（A型）病的病原为魏氏梭菌。摇晃兔体有晃水音，提起患兔，粪水即从肛门流出，有特殊腥臭。用病料离心的上清液过滤注于小鼠腹腔，24小时内死亡，即证明有毒素存在。

2. 马铃薯中毒与霉菌毒素中毒鉴别

［**相似点**］马铃薯中毒与霉菌毒素中毒均有沉郁，废食，拉稀和粪有血液，可视黏膜发绀等症状，晚期麻痹死亡。

［**不同点**］霉菌毒素中毒是因饲料饲草有霉菌毒素食后发病。粪酱色恶臭，流涎，尿液带红色、浑浊。呼吸急促，气喘。剖检可见肝脏表面淡黄色，胸膜、腹膜、肾脏、心肌、胃与小肠充血、出血。肺脏充血、出血，表面有霉菌结节。

【防制】

1. 预防措施

用马铃薯做饲料时，喂量不宜过多，应逐渐增加喂量；不宜饲喂发芽或腐烂的马铃薯，如要利用，则应除去幼芽，煮熟后再喂。煮过马铃薯的水，内含多量的龙

葵素，不应混入饲料内。马铃薯茎叶用开水烫过后，方可做饲料。

2. 发病后措施

停喂马铃薯类饲料。对中毒兔先服盐类或油类泻剂，之后根据病情，采取适当的对症治疗措施。

八、有机磷农药中毒

有机磷农药是我国目前应用最广泛的一类高效杀虫剂，引起兔中毒的主要农药有 1605、1059、3911、马拉硫磷、乐果等。

【病因】兔中毒多是由于采食了喷洒过这类农药的蔬菜、青草粮食等引起，有些则是由于用敌百虫治疗体表寄生虫病时引起的。当有机磷农药经消化道或皮肤等途径进入机体而被吸收后，则使乙酰胆碱在体内蓄积，胆碱能神经末梢和突触部持续受到冲动而出现一系列临床症状。

【临床症状】兔常在采食含有有机磷农药的饲料后不久出现症状，初期表现流涎，腹痛，腹泻，兴奋不安，全身肌肉震颤、抽搐，心跳加快，呼吸困难等症状，严重者表现可视黏膜苍白，瞳孔缩小，最后昏迷死亡。轻度中毒病例只表现流涎和腹泻。

【病理变化】急性中毒病例，剖开肠胃，可闻到肠胃内容物散发出有机磷农药的特殊气味，胃肠黏膜充血、出血、肿胀，黏膜易剥脱，肺充血水肿。

【诊断】中毒兔有与有机磷农药接触病史，并且症状与病变典型，一般可做出诊断。必要时采肠胃内容物作毒物鉴定。

【鉴别诊断】

1. 有机磷农药中毒与马杜霉素中毒的鉴别

［**相似点**］有机磷农药中毒与马杜霉素中毒均为食物中毒。拒食，流涎，最后昏迷而死亡。剖检可见胃肠黏膜充血、出血、脱落。

［**不同点**］马杜霉素中毒是因吃含马杜霉素饲料所致。共济失调。剖检可见心包积液，心肌松软。肝脏肿大、质脆。肾脏肿大，皮质出血。

2. 有机磷农药中毒与霉菌毒素中毒的鉴别

［**相似点**］有机磷农药中毒与霉菌毒素中毒均有食欲不振或废绝，流涎，全身震颤，心跳快，呼吸迫促，黏膜发绀等症状。剖检可见胃肠黏膜充血、出血，易脱落。肺脏充血、出血。

［**不同点**］霉菌毒素中毒因吃霉菌寄生的饲料而发病，粪带酱色有恶臭。尿带红色或浑浊，后肢瘫痪。剖检可见肺脏表面有霉菌结节，肝脏质脆有出血点。

3. 有机磷农药中毒与棉籽饼中毒鉴别

［**相似点**］有机磷农药中毒与棉籽饼中毒均有食欲不振，腹泻，粪中含有黏液，心跳，呼吸增数，全身震颤，尿频等症状。

［**不同点**］棉籽饼中毒是因吃棉籽饼所致，血尿，排尿疼痛。

4. 有机磷农药中毒与氰化物中毒鉴别

［**相似点**］有机磷农药中毒与氰化物中毒均有流涎，兴奋，呼吸困难等症状，最后呼吸麻痹死亡。

［**不同点**］氰化物中毒是因吃高粱、玉米幼苗或再生苗而病。瞳孔散大，可视黏膜鲜红。

5. 有机磷农药中毒与磷化锌中毒鉴别

［**相似点**］有机磷农药中毒与磷化锌中毒均有呼吸困难，呕吐，腹痛，腹泻，肌肉震颤，瞳孔缩小等症状，最后昏迷死亡。剖检胃有大蒜味，胃肠充血。

［**不同点**］磷化锌中毒是因吃灭鼠药磷化锌而中毒。粪便带血，意识障碍，共济失调，进行性衰弱。剖检可见肝脏有严重病变，心包、腹腔积水。病料在处理过程中侦检管显黄色。

【防制】

1. 预防措施

喷洒过有机磷农药尚有残留的植物和各种菜类不能用来喂兔。用有机磷药物进行体表驱虫时，应掌握好剂量与浓度，并加强护理，严防舔食。

2. 发病后措施

经口中毒的可用清水洗胃或盐水洗胃，并灌服活性炭。此外还应迅速注射解磷定和阿托品，解磷定按15毫克/千克体重静脉或皮下注射，每日2～3次，连用2～3天；阿托品每次皮下注射1～2毫升，每日2～3次，直至症状消失为止。

注意事项：

① 1059、1605中毒时，禁用高锰酸钾液洗胃，否则会使农药氧化成对氧磷而使毒性更强。

② 敌百虫中毒时，用盐水和清水为宜，不能用苏打水洗胃。因为敌百虫遇碱可转化为敌敌畏，毒性更强。

③ 有机磷中毒，灌服解毒验方时，要注意药液不能是热的，也不能用热水调服。因为热水和热液会使皮肤血管扩张，反而促进毒物的吸收。

④ 有机磷中毒后，禁用蓖麻油类泻剂，用了会使中毒加重。

⑤ 治疗时，可喂给牛奶或灌鸡蛋清或灌 10%红糖水溶液，成兔每只每天 20 毫升，幼兔 10 毫升。

九、有机氯中毒

有机氯农药是人工合成的杀虫剂，不溶或难溶于水，而溶于脂肪和有机溶剂中。该农药的种类比较多，主要有滴滴涕、六六六、氯丹、硫丹、七氯、毒杀芬、艾氏剂、狄氏剂等。国家对上述药品已限制使用或禁止使用，但国内各地因使用上述药品造成的家畜中毒事件，仍时有发生。

【病因】家兔误食被有机氯农药污染的饲料、饲草或饮水，可引发本病。使用含有机氯药物治疗外寄生虫病时，涂药面积过大等，也可引起中毒。

【临床症状】急性中毒的病例，多于接触毒物后 24 小时左右突然发病。表现为极度兴奋，惊恐不安，肌肉震颤或呈强直性收缩。四肢强拘，步态不稳，卧地不起，最后昏迷死亡。慢性中毒的病例，一般在毒物侵入机体内并贮存数周或更长时间后，缓慢发病。

主要表现是食欲不振，口腔黏膜出现糜烂、溃疡。神经症状不明显。病兔逐渐消瘦，时发呕吐、腹泻、周期性肌肉痉挛。一旦转为急性，病情突然恶化，数日内

死亡。

【病理变化】 胃肠道黏膜充血、出血，黏膜易剥脱。肝、脾显著肿大。肾肿大，肾小管脂肪变性，出血，质脆。胆囊膨大、充满，胆汁浓稠。肺明显气肿。

【诊断】 病兔具有与有机氯农药接触史，并根据临床表现和病理变化可以确诊。

【防制】

1. 预防措施

遵守农药安全使用和管理制度，禁用被有机氯农药污染的饲料和饮水。有机氯农药喷洒过的蔬菜、青草、谷物，应在药后 1 个月才能饲用。用有机氯农药治疗体外寄生虫病时，应按规定剂量、浓度使用，避免舔食，防止发生中毒。

2. 发病后措施

有机氯中毒尚无有效的治疗方法，一般采取对症治疗，如中断毒源，灌服 2%的碳酸氢钠或石灰水，也可灌服盐类泻药，皮肤中毒可用肥皂水、石灰水冲洗后，再用清水冲洗。急性中毒兔应立即用生理盐水，或 2%～3%碳酸氢钠液，或 0.3%石灰水洗胃，然后服以盐类泻剂。禁用油类泻剂。静脉注射葡萄糖液和维生素 C。对兴奋不安的病例，可应用镇静剂，如肌内注射安定注射液，或内服苯妥英钠片，每次 10～20 毫克，每日 1 次或 2 次。维护肝脏，可用浓糖或葡萄糖酸钙注射液。

十、灭鼠药中毒

灭鼠药的种类较多，目前我国使用的不下 20 余种，根据毒性作用速度分为两类：一类是速效药，主要包括磷化锌、毒鼠磷、甘氟等；另一类是缓效药，主要有敌鼠钠盐、杀鼠灵、氯鼠酮等。将上述药制成0.5%～2%的毒饵，是当前的主要灭鼠方法。

【病因】灭鼠药中毒皆因家兔误食灭鼠毒饵所致。主要有以下几种情况：一是对灭鼠药管理不严格，污染饲料或饲养环境；二是在兔舍或饲料间投放灭鼠毒饵时，当事人责任心不强，防止家兔接触和防止污染饲料的措施不力；三是饲喂用具被灭鼠药污染。

【临床症状】不同种类的灭鼠药中毒，其临床表现各异。

1. 磷化锌中毒

潜伏期为0.5～1小时。病初表现拒食、作呕或呕吐，腹痛、腹泻，粪便带血，呼吸困难，继而发生意识障碍，抽搐，以致昏迷死亡。

2. 毒鼠磷中毒

潜伏期4～6小时。主要表现为全身出汗，心跳急促，呼吸困难，大量流涎，腹泻，肠音增强，瞳孔缩小。肌肉呈纤维性颤动（肉跳），不久陷入麻痹状态，昏迷倒地。

3. 甘氟中毒

潜伏期0.5～2小时。病兔呈现食欲不振，呕吐，口渴，心悸，大小便失禁，呼吸抑制，皮肤发绀，阵发性抽搐等。

4. 敌鼠钠盐和杀鼠灵中毒

中毒3天后开始出现症状，表现为不食，精神不振，

呕吐，进而呈现出血性素质，如鼻、齿龈出血，血便、血尿，全身皮肤紫癜，并伴发关节肿大。严重的病例发生休克。

【诊断】了解近期内是否在兔舍或饲料间放置过灭鼠毒饵，结合临床症状初步诊断。

【鉴别诊断】

1. 灭鼠药中毒与霉菌毒素中毒的鉴别

［**相似点**］灭鼠药中毒（敌鼠钠盐和杀鼠灵）与霉菌毒素中毒均有废食，腹泻，粪中有血液，尿血，皮肤发紫等症状，最后麻痹死亡。孕兔流产。

［**不同点**］霉菌毒素中毒的病因为霉菌毒素。流涎，先便秘后下痢，可视黏膜发绀、黄染。剖检可见肺脏充血、出血，表面有霉菌结节。

2. 灭鼠药中毒与兔铜绿假单胞菌病鉴别

［**相似点**］灭鼠药中毒（敌鼠钠盐）与兔铜绿假单胞菌病均有沉郁，不食，拉稀、血样粪，呼吸困难等症状。剖检可见肠黏膜充血、出血，内容物血样液体，死亡快。

［**不同点**］兔铜绿假单胞菌病的病原为绿脓杆菌。气喘，体温升高。剖检可见胃、十二指肠充满血样液。脾脏肿大，樱桃红色，肺脏、肝脏变深红色，其他脏器有绿色或褐色黏稠脓液。病料培养细菌分离，通过动物实验可确诊。

3. 灭鼠药中毒与棉籽饼中毒的鉴别

［**相似点**］灭鼠药中毒（敌鼠钠盐）与棉籽饼中毒均有不食，精神不振，拉稀含血，尿血等症状。剖检可见胃肠道有出血性炎。

［**不同点**］棉籽饼中毒是因吃未去毒棉籽饼而中毒。病程较缓慢，先便秘后下痢，排尿时带痛，肾脏肿大，皮质点状出血。棉籽粉加入硫酸振荡后，呈胭脂红色，则表示有棉酚存在。

4. 灭鼠药中毒（磷化锌中毒）与有机磷中毒鉴别

［**相似点**］灭鼠药中毒（磷化锌中毒）与有机磷农药中毒均有呼吸困难，呕吐，腹痛，腹泻，肌肉震颤，抽搐，瞳孔缩小等症状，最后昏迷死亡。剖检可见胃有大蒜味。胃、肠充血。

［**不同点**］有机磷中毒是因吃被有机磷农药污染饲料而病。眼流泪，口流涎，粪有黄色黏液，尿失禁，兴奋不安，牙关紧闭，颈部强直，角弓反张。剖检：肺脏充血、水肿，气管、支气管储黏液，膀胱有积尿。取可疑农药加水和氢氧化钠，如变成金黄色为1605，如无色，再加硝酸银，出现黑色为敌敌畏，现棕色为乐果，现白色为敌百虫。

【防制】

1. 预防措施

凡买进灭鼠药，都必须弄清药物种类、药性，并由专人保管。不用禁止使用的氟乙酰胺、氟乙酸钠、毒鼠强、毒鼠药；在兔舍及饲料间投放毒饵时，一定将药物放在家兔活动不到的地方，距饲料堆要有一定的距离，同时要注意及时清理；严禁使用饲喂用具盛放毒品。

2. 发病后措施

（1）洗胃与缓泻　中毒不久，毒物尚在胃内时，用温水、0.1％高锰酸钾液、5％小苏打水反复洗胃；毒物

已进入肠道时，内服盐类泻剂，以促进毒物排出。

（2）对症处理　根据病情可适当采取补液、强心、镇痉等疗法。

（3）应用特效解毒剂　有些灭鼠药中毒，有特效解毒药物，可及时应用。如毒鼠磷中毒，可皮下或肌内注射硫酸阿托品注射液，每次0.5毫克；肌内或静脉注射碘解磷定，每千克体重30毫克；也可应用氯解磷定或双复磷注射液，用量及用法同碘解磷定。氟乙酰胺（已禁用）中毒，可肌内注射乙酰胺（解氟灵注射液），剂量为每千克体重0.1毫克，每日2次，连用5～7天；氟乙酸钠（已禁用）中毒，可肌内注射乙二醇乙酸酯，剂量为每千克体重0.2～0.5毫克，每日2次，连用3～5天。

十一、有毒植物中毒

家兔的饲料除来源于农作物秸秆、果实外，还广泛来源于自然界野生植物。在自然环境中生长的一些植物种类，有个别植物对家兔具有毒害作用。

【病因】家兔误吃有毒的植物而引起中毒。常见的有毒植物中毒主要有阔叶乳草中毒、毒芹中毒、曼陀罗中毒、毛茛中毒及夹竹桃中毒等。

【临床症状】有毒植物中毒的症状多种多样，缺乏特征性的症状。有毒植物的种类不同，中毒的表现也不一样。

有一种阔叶乳草的叶和茎，不论是新鲜的还是干枯的都有毒，其所引起的中毒，是兔的前、后肢及颈部肌肉麻痹，头常贴到笼底而不抬头，故称“低头病”。此外，还可出现流涎、被毛粗乱、体温低于正常、排出柏油样粪便等症状。病兔死后剖检时可发现很多器官都有局灶性出血。

毒芹引起的中毒，主要表现为腹部膨大，痉挛（先由头部开始，逐渐波及全身），脉搏增速，呼吸困难；曼陀罗中毒，初期兴奋，后期变为衰弱，痉挛及麻痹；三叶草中毒，致兔的排卵和受精卵不能在子宫内植入，这可能与三叶草中雌激素的含量很高有一定的关系，主要是引起母兔的生殖机能障碍，配不准等；毛茛中毒，则呈现伸颈、流涎、呼吸缓慢、腹泻、血尿；夹竹桃中毒可引起心律失常和出血性胃肠炎等。

【诊断】通过病因调查（仔细了解饲料中有无可疑的有毒植物）和临床症状初步诊断。

【鉴别诊断】

1. 有毒植物中毒（曼陀罗中毒）与氯苯胺中毒的鉴别

［**相似点**］有毒植物中毒（曼陀罗中毒）与氯苯胺中毒均有初兴奋，后痉挛，麻痹等症状。

［**不同点**］氯苯胺中毒是在治球虫病时因过量服用而中毒。有时转圈、前冲，呼吸迫促。

2. 有毒植物中毒（阔叶乳草冲毒）与霉菌毒素中毒鉴别

［**相似点**］有毒植物中毒（阔叶乳草冲毒）与霉菌毒素中毒均有全身瘫软，头下垂，不能抬起等症状。

［**不同点**］霉菌毒素中毒因吃霉变饲料而发病。气喘，呼吸困难。皮肤发紫，黏膜发绀、黄染，尿带红色或浑浊。剖检：内脏出血，肺部表面有霉菌结节。

【防制】

1. 预防措施

进行草原和饲草调查，了解本地区的毒草种类以引起注意；饲养人员要学会识别毒草，防止误采有毒植物；为防止误食有毒植物，凡不认识的草类或怀疑有毒的植物，都要禁喂。

2. 发病后措施

怀疑有毒植物中毒时，必须立即停喂可疑饲料；对发病的家兔，可内服1%鞣酸液或活性炭，并给以盐类泻剂，清除胃肠内毒物；对症处理。根据病兔表现可采取补液、强心、镇痉等措施。

十二、马杜霉素中毒

【病因】马杜霉素系抗球虫药，其商品名为抗球王、杜球等。因毒力较大，稍过量即易中毒。

【临床症状】

1. 急性

混合拌料时过量，能引起急性中毒。发病急，两腿抽搐向后伸，口角流涎，嘴唇口角、耳、四肢发紫，鼻尖发黑，很快死亡。

2. 累积性中毒

拒食，委顿，流涎，伏卧，嗜睡，共济失调。

【病理变化】心包积液，心肌松弛；脾脏肿大、瘀血；肺脏水肿，有斑点状出血；肝脏细胞灶状坏死，周围有出血，肝脏细胞肿胀，呈暗色；肾脏肿大、质脆，皮质出血。胃黏膜脱落，胃底部出血严重；肠道出血，黏膜脱落。

【鉴别诊断】

1. 马杜霉素中毒与兔大肠杆菌病的鉴别

［**相似点**］马杜霉素中毒与兔大肠杆菌病均有沉郁，流涎，伏卧等症状。剖检胃肠出血，黏膜脱落。

［**不同点**］兔大肠杆菌病的病原为大肠杆菌，有传染性。体温高（40℃以上），急性，下痢、水泻。亚急性，排胶冻样黏液。剖检可见大肠充满半透明胶冻样黏液。用标准血清作凝集反应，可确定血清型。

马杜霉素中毒有共济失调，剖检心包积液，心肌松弛，肾脏肿大，皮质出血；肺脏出血、水肿；肝脏细胞灶状坏死等症状。

2. 马杜霉素中毒与有机磷中毒的鉴别

［**相似点**］马杜霉素中毒与有机磷中毒均为采食污染食物中毒。拒食，委顿，流涎，最后昏迷而死亡。剖检可见胃肠充血、出血，黏膜脱落。

［**不同点**］有机磷中毒是因吃带有有机磷农药的饲料而中毒。腹胀，腹痛，腹泻，尿失禁，全身震颤，瞳孔缩小。剖开胃肠即有大蒜味，气管、支气管有储液，膀胱积尿。取可疑农药 5～10 滴，加水 4 毫升振动乳化后，再加 10％氢氧化钠 1 毫升，如变为金黄色为 1605，如无变化，再加 10/6 硝酸银 2～3 滴，出现黑色为敌敌畏，出现棕色为乐果，出现白色为敌百虫。

3. 马杜霉素中毒与霉菌毒素中毒鉴别

［**相似点**］马杜霉素中毒与霉菌毒素中毒均为采食饲料后中毒。拒食，流涎，伏卧，嗜睡。剖检可见肝脏肿

大、质脆、出血，胃肠出血、黏膜脱落。

［**不同点**］霉菌毒素中毒是因吃了含有霉菌毒素的饲料中毒。体温升高，粪酱色，恶臭，尿液带红或浑浊。全身肌肉痉挛，后肢麻痹。剖检可见胸腹膜、心肌、肺脏、肾脏、胃脏、小肠充血、出血，肺脏表面有霉菌结节。

4. 马杜霉素中毒与维生素 B_1 缺乏症鉴别

［**相似点**］马杜霉素中毒与维生素 B_1 缺乏症均有共济失调，抽搐，嗜睡等症状。

［**不同点**］维生素 B_1 缺乏症因饲料中缺乏维生素 B_1 而发病。食欲不振，便秘或下痢，渐进性水肿，麻痹、痉挛昏迷死亡，脑灰质软化。

【防制】目前尚无有效的解毒药物。在需用马杜霉素时应切实掌握剂量，绝不要超过标准，拌料时必须充分拌匀，但因本药在水中溶解度差，因此，不能投入水中饮用，即使配药合乎标准，如饮了沉淀物也中毒，尽量避免用药不当而发生中毒。一旦发现有中毒现象，立即停止应用含有马杜霉素的饮水和饲料。用5%葡萄糖水和0.15%碳酸氢钠水交替给病兔饮用，对轻度中毒可停止死亡。

第四章　兔的营养代谢病的类症鉴别及防治

一、佝偻病和软骨症

维生素 D 缺乏或钙、磷缺乏以及钙、磷比例失调都可以造成骨质疏松，引起幼兔的佝偻病或成年兔的软骨症。本病是一种营养性骨病，各种年龄的兔均可发生，尤以妊娠母兔、哺乳母兔、生长较快的幼兔多发。

【病因】

1. 钙、磷缺乏或不平衡

钙、磷是机体重要的常量元素，参与兔骨骼和牙齿的构成，并具有维持体液酸碱平衡及神经肌肉的兴奋性、构成生物膜结构等多种功能。一旦饲料中钙、磷总量不足或比例失调则必然引起代谢的紊乱。

2. 维生素 D 不足

维生素 D 是一种脂溶性维生素，具有促进机体对钙、磷的吸收的作用。在舍饲条件下，兔得不到阳光照射，必须从饲料中获得，当饲料中维生素 D 含量不足或

缺乏，都可引起兔体维生素 D 缺乏，从而影响钙、磷的吸收，导致本病的发生。

3. 日粮中矿物质比例不合理或有其他影响钙、磷吸收的成分存在

许多二价金属元素间存在抑制作用，例如饲料中锰、锌、铁等过高可抑制钙的吸收；含草酸盐过多的饲料也能抑制钙的吸收。

4. 疾病影响

肝脏疾病以及各种传染病、寄生虫病引起的肠道炎症均可影响机体对钙、磷以及维生素 D 的吸收，从而促进本病的发生。

【临床症状】幼兔、仔兔典型的佝偻病。主要表现骨质松软，腿骨弯曲，脊柱弯曲成弓状。骨端粗大，青年兔表现消化机能紊乱，异食，骨骼严重变形，易发生骨折等。妊娠母兔表现为分娩后瘫痪。典型病兔患病初期食欲下降或废绝，精神沉郁，有的表现轻度兴奋，随即后肢瘫痪。

【诊断】根据典型的临床症状和饲料分析结果即可确诊。

【防制】

1. 预防措施

平时注意合理配制日粮中钙、磷的含量及比例，饲喂含钙磷丰富的饲料，如骨粉、蛋壳粉、豆科干草、糠麸等；由于钙磷的吸收代谢依赖于维生素 D 的含量，故日粮中应有足够的维生素 D 供应，让兔多晒太阳，多运动，尤其是冬季，这样能促进体内维生素 D 的形成和钙、磷的吸收。

2. 发病后措施

处方1：幼兔，饲料中添加优质骨粉，肌内注射维丁胶性钙，每次1000～5000国际单位，每日1次，连用3～5天。或肌内注射维生素AD，每次0.5～1毫升，每日1次，连用3～5天（佝偻病）。

处方2：鸡蛋皮25克（焙黄），透骨草15克。共研为细面，每次温水灌服1～1.5克，每天2次或自由采食（佝偻病）。

处方3：鸡蛋皮粉、胎盘粉等量。以水灌服，每次0.5～1克，每天2次（佝偻病）。

处方4：苍术、牡蛎各等量。共研为细面，以水灌服或自由采食，每次1克，每天3次（佝偻病）。

处方5：成兔的软骨病，可以内服鱼肝油1～2毫升，并配合内服磷酸钙1克、乳酸钙0.5～2克、骨粉2～3克。同时注射胶性钙注射液，肌内注射，每次1000～5000国际单位，每天2次（软骨症）。

处方6：牛骨。焙酥研粉，每次1.5克，每天3次，水调灌服或自由采食（软骨症）。

处方7：当归3克，川芎2克，赤芍2克，生地2克，乳香2克，没药2.5克，川断2.5克，骨碎补1.5克，牡蛎2.3克，煅龙骨3克，鹿角霜2克。将上述药共研成粉，开水冲服，隔日灌服5～6克（软骨症）。

二、维生素A缺乏症

维生素A对于兔的正常生长发育和保持黏膜的完整性以及良好的视觉都具有重要的作用。维生素A缺乏症主要表现为生长发育不良，器官黏膜损害，并以干眼病和夜盲症为特征。本病主要发生于冬季和早春季节。

【病因】

1. 日粮中维生素A或胡萝卜素含量不足或缺乏

兔可以从植物性饲料中获得胡萝卜素维生素A原，可在肝脏转化为维生素A。当长期使用谷物、糠麸、粕类等胡萝卜素含量少的饲料，极易引起维生素A的缺乏。

2. 消化道及肝脏的疾病，影响维生素A的消化吸收

由于维生素A是脂溶性的物质，它的消化吸收必须在胆汁酸的参与下进行，肝胆疾病、肠道炎症影响脂肪的消化，阻碍维生素A的吸收。此外肝脏的疾病也会影响胡萝卜素的转化及维生素A的储存。

3. 饲料中维生素A的破坏

饲料储存时间太长或加工不当，降低饲料中维生素A的含量，如黄玉米储存期超过6个月，约损失60%的维生素A；颗粒饲料加工过程中可使胡萝卜素损失32%以上，夏季添加多维素拌料后，堆积时间过长，使饲料中的维生素A遇热氧化分解而遭破坏。

【临床症状】兔缺乏时，可表现出生长停滞、体质衰弱、被毛蓬松、步态不稳、不能站立，活动减少。有时可出现与寄生虫性耳炎相似的神经症状，即头偏向一侧转圈，左右摇摆，倒地或无力回顾，或腿麻痹或偶尔惊厥。幼兔出现下痢，严重者死亡。母兔发情率与受胎率低，并出现妊娠障碍，表现为早产、死胎或难产，分娩衰弱的仔兔或畸形；患隐性维生素A缺乏症的母兔虽然能正常产仔，但仔兔在产后几周内出现脑水肿或其他临床症状。成兔和幼兔都出现眼的损害，发生化脓性结膜炎、角膜炎，病情恶化则出现溃疡性坏死。机体的上皮细胞受损，可引起呼吸器官和消化器官炎症，泌尿器官系统黏膜损伤（炎症、感染），能引起尿液浓度、比例关系紊乱和形成尿结石。有的病例出现干眼及夜盲。

【病理变化】 可以发现明显眼和脑的病变，眼结膜角质化，患病母兔所产的仔兔发生脑内积水，呼吸道、消化道及泌尿生殖系统炎性变化。

【诊断】 根据饲养史和临床症状初步诊断。确诊须靠病理损伤特征、血浆和肝脏中维生素 A 及胡萝卜素的水平（血浆中维生素 A 的含量低于 0.2～0.3 毫克/毫升）。

【鉴别诊断】

1. 维生素 A 缺乏症与产后麻痹的鉴别

［**相似点**］ 维生素 A 缺乏症与产后麻痹均有腿麻痹等临床表现。

［**不同点**］ 产后麻痹是在产仔后出现跛行，四肢或后躯突然麻痹；维生素 A 缺乏症是各种年龄兔，包括公兔都可发生，它除有神经麻痹症状外，还可能出现夜盲、干眼、皮肤干燥、被毛粗乱等一系列症状。

2. 维生素 A 缺乏症与妊娠毒血症的鉴别

［**相似点**］ 维生素 A 缺乏症与妊娠毒血症均有惊厥等表现。

［**不同点**］ 妊娠毒血症顽固拒食，粪便变形，有黏液，恶臭，尿液少而呈黄白色，肝、肾、心肌颜色苍白。这些是维生素 A 缺乏症所没有的。

【防制】

1. 预防措施

饲料中添加含有多种维生素的添加剂或维生素 A、

维生素 D_3 粉等，日粮中常补给青绿饲料，如绿色蔬菜、胡萝卜等。不可饲喂存放过久或霉败变质饲料，及时给妊娠母兔和哺乳期母兔添加鱼肝油或维生素 A 添加剂，每天每千克体重添加维生素 A 250 单位。

2. 发病后措施

处方 1：病兔可注射鱼肝油制剂，按 0.2 毫升/千克给量。或维生素 A、维生素 D_3 粉或鱼肝油混入饲料中喂给。也可使用水可弥散性维生素制剂如速补-14 等饮水。但应注意，维生素 A 摄入过多会引起中毒。

处方 2：生石膏 5 克，葛根、金银花、菊花、白芍各 3 克，黄芩、甘草各 2 克，黄连 1.5 克，全蝎、蜈蚣各 1 克。水煎灌服，每次 15 毫升，每天 2 次（缺乏矿物质和维生素 A 引起较轻的麻痹症）。

处方 3：黄芩、葛根、黄连各 1 克，石膏 2 克，金银花、白芍各 1.5 克，甘草 0.5 克，全蝎、蜈蚣各 1 条。水煎灌服，每次 15 毫升，每天 3 次（缺乏矿物质和维生素 A 引起的较重麻痹症）。

三、维生素 E 缺乏症

维生素 E 又叫生育酚，属脂溶性维生素，具有抗不育的作用。维生素 E 是一种天然的抗氧化剂，其主要生理功能是维持正常的生殖器官，肌肉和中枢神经系统机能。维生素 E 不仅对兔的繁殖产生影响，而且参加新陈代谢，调节腺体功能和影响包括心肌在内的肌肉活动。

【病因】植物种子中含有较丰富的维生素 E，动物的内脏（肝、肾、脑等）、肌肉贮存维生素 E。但维生素 E 不稳定，易被饲料中矿质元素、不饱和脂肪酸及其他氧化物质氧化。饲料中维生素E含量不足，饲料或添加剂中矿质元素或不饱和脂肪酸含量较高而又缺乏一定的保护剂，造成饲料中维生素E的部分或全部破坏，以及兔的球虫病等使肝脏、骨骼肌及血清中维生素E的浓度降低，致使对维生素E的需要量增加而导致本病发生。维生素E和硒的营养作用密切相关，地方性缺硒也会引起相应的维生素E缺乏，二者同时缺乏会加重缺乏症的严重程度。

【临床症状】患兔表现不同程度的肌营养不良，可视黏膜出血，触摸皮下有液体渗出，出现肌酸尿，肢体发僵，而后进行性肌无力，食欲下降或不食，体重减轻，喜卧少动或不动，不同程度的运动障碍，步态不稳，甚至瘫软，有的可出现神经症状，最终衰竭死亡。幼兔生长发育受阻。母兔受胎率下降，发生流产或死胎。公兔可导致睾丸损伤和精子生成受阻，精液品质下降。初生仔兔死亡率高。

【病理变化】肉眼可见全身性渗出和出血，膈肌、骨骼肌萎缩、变性、坏死，外观苍白。心肌变性，有界限分明的病灶。肝脏肿大、坏死，急性病例肝脏呈紫黑色，质脆易碎，呈豆腐渣样，体积约正常肝的2倍；慢性病例肝表面凹凸不平，体积变小，质地变硬。

【诊断】可根据临床症状和剖解变化确诊。

【鉴别诊断】

维生素E及硒缺乏症与胆碱缺乏症的鉴别

［**相似点**］维生素E及硒缺乏症与胆碱缺乏症均有食欲减退，肌肉萎缩，行走无力等症状。剖检可见肌肉萎缩，呈灰白色，透明样变。

［**不同点**］胆碱缺乏症因饲料中胆碱不足而病。中等

度贫血。剖检可见肝脏脂肪变性，胆管增生。

【防制】

1. 预防措施

进行饲料的合理调配和加工，最好使用全价配合饲料，适当添加多种维生素或含多种维生素类添加剂；加强对妊娠、哺乳母兔及幼兔的饲养管理，补充青饲料，避免饲喂霉败变质饲料，及时治疗肝脏疾病；由于维生素 E 和硒有协同作用，适当补充硒可减少维生素 E 的添加量，使用含硒添加剂可有效防治维生素 E 缺乏。

2. 发病后措施

发病后可按每千克体重 0.32～1.4 毫克维生素 E 添加饲料中饲喂，也可使用市售的亚硒酸钠维生素 E。严重病例可肌内注射维生素 E 制剂，每次 1000 国际单位，每天 2 次，连用 2～3 天；并肌注 0.2%的亚硒酸钠溶液 1 毫升，每隔 3～5 天注射 1 次，共 2～3 次。也可使用水可弥散性维生素制剂如速补-14 等饮水。

四、维生素 B_1 缺乏症

维生素 B_1 缺乏症是由于硫胺素不足或缺乏，引起的一种营养缺乏症。以消化障碍、神经症状为特征。

【原因】日粮中硫胺素不足；盲肠微生物能制造合成维生素 B_1，常形成黑鞋油状松散黏稠的球形体，被称为盲肠粪，因含有丰富的维生素，所以也叫作维生素粪。如家兔不吃盲肠粪，即易发生维生素 B_1 缺乏症。

【临床症状】饮食不振，便秘或腹泻，发生渐进性水肿，最后造成神经系统损害。运动失调，麻痹，痉挛，抽搐，昏迷死亡。

【病理变化】 脑灰质软化。

【鉴别诊断】

1. 维生素 B_1 缺乏症与食盐中毒的鉴别

［**相似点**］维生素 B_1 缺乏症与食盐中毒均有腹泻，运动失调，痉挛等症状。

［**不同点**］食盐中毒因多吃食盐而病。口渴，角弓反张，血清氯化钠含量超过 800～860 毫克/分升。

2. 维生素 B_1 缺乏症与马杜霉素中毒的鉴别

［**相似点**］维生素 B_1 缺乏症与马杜霉素中毒均有共济失调，抽搐，嗜睡等症状。

［**不同点**］马杜霉素中毒是因吃马杜霉素（抗球虫药）过多而病。口角流涎，嘴唇、耳、四肢发紫，鼻尖发黑。剖检心包积液，心肌松软。肺脏水肿。胃黏膜脱落，胃底出血。肠出血，黏膜脱落。肾脏皮质出血。

【防制】

1. 预防措施

首先注意日粮调配，日粮中可适当添加酵母和谷物等。禁止饲喂变质饲料，不能长期服用抗生素类药物，在母兔妊娠期和哺乳期补充维生素 B_1 或使用复合维生素添加剂。不要大量长期使用氨丙啉类抗球虫药物，使用时应配合使用维生素 B_1。早期可在饲料中添加维生素 B_1，按 10～20 毫克/千克，连用 1～2 周。

2. 发病后措施

处方 1：第 1 天用维生素 B_1（每 2 毫升 100 毫克）1～2 毫升，皮注。同时口服维生素 B_1。

处方 2：维生素 B_1（每片 10 毫克）5～10 片，口服，日服 2 次，连用 5～7 天。

五、吞食仔兔癖

本病是一种新陈代谢紊乱和营养缺乏的综合征，表现为一种病态的食仔恶癖。

【病因】吞食仔兔癖的主要病因：一是日粮营养不平衡，如母兔自身缺乏食盐，钙、磷不足，蛋白质和 B 族维生素缺乏，或其他营养物质供应不足；二是母兔产前、产后得不到充足的饮水，口渴难忍而食仔；三是母兔产仔时受到惊吓，巢窝、垫草或仔兔带有异味，或发生死胎时未及时取出死亡仔兔，母兔就会将死胎吃掉，以后养成吃食仔兔的习惯；四是过早配种繁殖，母兔无奶或缺奶等；五是产后不久有人用脏手或手有其他气味摸了仔兔。

【临床症状】可见母兔吞食刚生下或产后数天的仔兔。有些将胎儿全部吃掉，仅发现笼地或巢箱内有血迹，有些则在笼内或地板下发现仔兔部分肢体。

【防制】饲料要全价。供给孕兔和哺乳母兔含维生素多的饲料。另外，每日加喂青绿饲料 0.1 千克，并经常喂些胡萝卜等；产前产后不要断水，产前供给足够的温开水，产后立即喂 1 碗温开水，并保证清水供给不间断；仔兔身上不要沾染粪味，手不洁净不要摸仔兔，暂时移开仔兔时，要戴洁净手套；产箱内不能用旧棉絮等做窝；不作异味处理的仔兔不要让母兔代养，需要代养的仔兔应将代养的母兔粪尿抹在被代养的仔兔身上，再放入窝内；甲窝仔兔跑入乙窝，需要做异味处理后再放回甲窝去，将乙窝粪尿洗去，再将甲窝母兔的粪尿抹在仔兔的阴部，就不会被吃掉；母兔产仔时不要惊吓、震响、围看、喧哗，要保持兔舍周围的安静，防止生人及其他动物进入兔舍内。对有吃仔兔癖的母兔，要在产仔后立即将其移开，进行定时哺乳；对有食仔恶癖的母兔，产后喂食1块咸猪肉，或将家用香研末涂搽在仔兔爪子上。

六、脱毛症

脱毛症是因营养不良而引起脱毛的一种疾病。

【病因】 因营养缺乏引起，一般成年兔较多，以夏秋多发；多吃鱼肝油，也引起脱毛。

【临床症状】 皮肤表面无异常现象，断毛整齐（有如剪刀剪过一样）。多吃鱼肝油，从上唇开始脱毛。

【鉴别诊断】

1. 脱毛症与螨病的鉴别

［**相似点**］脱毛症与螨病均有脱毛。

［**不同点**］螨病的病原为螨虫。皮肤变硬，有皱褶，有灰白色糠麸样痂皮，瘙痒。刮取病健交界处皮屑低倍镜检，可见螨虫。

2. 脱毛症与皮肤真菌病的鉴别

［**相似点**］脱毛症与皮肤真菌病均有脱毛。

［**不同点**］皮肤真菌病的病原为真菌小孢霉、毛癣霉。皮肤充血，毛囊周围发炎，痂落出现溃疡。刮取皮屑镜检，可见菌丝和孢子。

【防制】 增加饲料营养成分，最好给予全价饲料，以

补营养的不足。如因多吃鱼肝油脱毛，应立即停用，若因补钙必须服用时应减量。用10%樟脑酒精（也可在樟脑酒精中加10%鱼石脂）每天涂擦1～2次，有助于局部血液循环，促进毛的生长。

七、妊娠毒血症

妊娠毒血症是妊娠后期的一种代谢疾病。

【病因】母兔肥胖，运动不足。内分泌机能失调；饲料中碳水化合物供应不足，机体脂肪代谢过多；丙酮、β-羟丁酸、乙酰乙酸在体内积贮。

【临床症状】沉郁，呼吸困难，呼出气带酮味（似烂苹果味）。尿量减少，共济失调，惊厥，昏迷，死前发生流产。轻度、中度病例能够恢复。严重病例发病后迅速死亡。

【病理变化】母兔肥胖，乳腺分泌旺盛，卵巢黄体增大，肝、肾、心脏苍白，脂肪变性，脑垂体变大，肾上腺及甲状腺变小、苍白。

【诊断】孕兔肥胖，但饲料中碳水化合物供应不足，在怀孕后期沉郁，呼吸困难，呼出气有酮味，尿量减少，惊厥，昏迷，死前流产。血检可见非蛋白氮显著升高，钙减少，磷增多，丙酮试验阳性。

【鉴别诊断】

1. 妊娠毒血症与中暑的鉴别

［**相似点**］妊娠毒血症与中暑均有沉郁，呼吸困难，昏迷等症状。

［**不同点**］中暑多在天气炎热、兔舍闷热、通风不良

时发病。体温 40～42℃，全身灼热，结膜潮红、发绀。

2. 妊娠毒血症与兔脑原虫病的鉴别

［**相似点**］妊娠毒血症与兔脑原虫病均有平衡失调，惊厥，昏迷等症状。

［**不同点**］兔脑原虫病的病原为脑炎原虫，有传染性。一般隐性感染，还有颤抖、斜颈，蛋白尿。剖检：肾脏有针尖大白点，皮质表面有凹陷区，肾脏和脑有灶状肉芽肿，神经细胞中可发现虫体的假囊。

【防制】在母兔妊娠期，尤其是后期，供给富含蛋白质和碳水化合物饲料。不喂变败饲料，并避免饲料突变和其他应激因素。饲料中添加葡萄糖，可以防止本病的发生。在孕兔妊娠后期，应多加注意观察，一旦发现有异常状况，应立即仔细检查，即能及早发现病兔，及时采取治疗措施。口服甘油，静注葡萄糖、维生素 C 及维生素 B_1、维生素 B_2，均有一定疗效。同时加注可的松激素药，调节内分泌机能，促进代谢，可提高疗效。

第五章　兔普通病的类症鉴别与诊断

一、乳腺炎

母兔的乳腺炎是母兔泌乳期中常发的疾病，多发生于产后3周内的母兔。

【病因】 母兔分娩前后因增加饲料过量，使乳汁分泌量增多，且变稠，子兔体弱，吸奶无力或母兔产仔少，吃奶不多，使乳汁长时间地停留在乳房内，通过细菌感染而变质是引起母兔乳腺炎的内因；母兔乳头被仔兔咬破，乳房因产箱或笼舍不光滑或有尖锐物被损伤，致使病原菌如葡萄球菌、链球菌等入侵而感染，是导致母兔乳腺炎的外因。

【临床症状】

1. 急性型

母兔食欲减退，精神不振，拒绝哺乳，体温升高至41℃以上，乳房红肿发热，触摸有痛感，时间稍长变为蓝紫色或青紫色，粪便干小如鼠粪状，有的排出胶冻样黏液，如不及时治疗，多在2～4天内因败血症而死亡，即使存活也预后不良。

2. 慢性型

乳房局部红肿，触之有灼热感，皮肤张紧发亮，部分乳头焦干不见，可摸到栗子样的硬块，乳量减少，母兔拒绝哺乳，精神委顿，食欲降低，体温多在40℃以上。

3. 化脓性

食欲减退，体温升高，乳房能触摸到面团样脓肿，有的甚至变为坏疽。

根据乳房肿胀、发热、疼痛、敏感，继之发红，以致变成蓝紫色以及病兔行走困难，拒绝仔兔吮乳等可以初步诊断。

【诊断】 乳房红、肿、热、痛，母兔拒绝仔兔吮乳，体温升高（40～41℃），沉郁，拒食，乳房由蓝紫变黑紫，化脓，可以初步诊断。

【鉴别诊断】

乳腺炎与兔葡萄球菌病鉴别

［**相似点**］乳腺炎与兔葡萄球菌病均有乳房肿胀，较硬，由红变紫，疼痛，体温升高，沉郁，不食，乳中含有脓液等症状。

［**不同点**］兔葡萄球菌病的病原为葡萄球菌。体表也有脓肿。剖检可见内脏也有脓肿。

【防制】

1. 预防措施

① 必须保持兔笼和运动场的卫生，定期清扫消毒，

清除一切锋利物，防止损伤母兔乳房和周围皮肤。

② 母兔产前 3 天减少精料的给量，不喂过多的青绿多汁饲料，精料和多汁饲料比例应适当，以保持乳汁的正常分泌。产后仔细观察母兔的乳汁是否充足，乳汁少的适当添加优质多汁饲料。

③ 母兔产前产后 2～4 天可口服 1 片长效磺胺，预防效果好。

2. 发病后治疗

处方 1：用温热毛巾敷乳房，每次 15 分钟，每天 2～3 次，同时肌注庆大霉素（3～5 毫克/千克体重），每天 2～3 次。肌注青霉素 20 万国际单位，每日 2 次，控制病情后，口服复方新诺明，每次 1 片，每日 2 次，连用 3 天。

处方 2：采用封闭疗法，青霉素 20 万国际单位、0.25%的盐酸普鲁卡因 20 毫升混合，在乳房患部作周边封闭，每日 1 次，连用 3 天。

处方 3：适量仙人掌去皮，捣成糊状，涂抹患处，每日 1 次，同时肌注青霉素 20 万国际单位，每日 2 次，连用 3 天。对已经成熟的脓肿可切开排脓，乳腺体腐烂的要彻底切除，后用高锰酸钾或 3%的双氧水冲洗疮面再涂以紫药水或魏氏流浸膏等药物，并交替肌注青霉素（20 万国际单位）与庆大霉素。

处方 4：蒲公英 12 克，紫花地丁 12 克，紫背天葵 6 克，金银花 3 克，野菊花 3 克。水煎 2 次，浓缩至 50 毫升左右一次内服，每天 1 剂，连服 3～5 剂。具有清热解毒，消肿散结之功效。本方治疗兔乳腺炎疗效效果极佳，优于青霉素和复方新诺明。

处方 5：紫花地丁、蒲公英、菊花、金银花、芙蓉花各等份（丁蒲三花散）。上述各药捣烂涂于患处，每天 1 次。具有清解热毒，消肿之功效。

二、无乳或少乳症

母兔无乳和少乳症是指母兔分娩后在哺乳期内出现无乳或少乳的一种综合征。无乳症是母兔围产期出现泌乳阻塞或停止的一种症状。母兔无乳和少乳症会导致产后几天内成窝或许多仔兔的死亡，因此本病对养兔生产有极大的危害。

【病因】母兔在孕期或哺乳期，饲料营养低下或怀孕后期过量饲喂含蛋白质高的精料，使初期的乳汁过稠，堵塞乳腺泡导致缺乳；母兔患有某些传染病或其他慢性疾病也可引起无乳症。此外，母兔年龄过大，乳腺萎缩或过早交配，乳腺发育不全等均可引起无乳。

【临床症状】母兔无乳症时表现为仔兔呈饥饿状，挤压母兔乳头仅见少量稀乳或根本无乳，拉稀。母兔体温高于正常，精神委顿，食欲不振，乳腺组织紧密、充血，但乳头却松弛。

【诊断】根据仔兔吃奶次数多，在巢内鸣叫，爬动不安，消瘦以及用手挤乳房时不出乳或少乳可以初步诊断。

【防制】

1. 预防措施

加强饲养管理，饲喂全价饲料，增加日粮中的精、绿饲料，防止早配，淘汰过老母兔，选育、饲养母性好、泌乳足的种母兔。

2. 发病后措施

处方1：内服人用催乳灵1片，每日1次，连用3～5天；

或激素治疗，用垂体后叶素 10 单位，一次皮下或肌内注射，或苯甲酸雌二醇 0.5～1 毫升，肌内注射。

处方 2：王不留行 20 克，通草、穿山甲、白术各 7 克，白芍、山楂、陈皮、党参各 10 克。粉碎，混匀。在饲料中添加，每兔每次 20 克。

本方具有补气健脾，通经下乳之功效，可用于产后缺乳或无乳，本方主要由补气理气、活血通络药组成。方中党参、白术补中益气，山楂、陈皮消食、理气，白芍养血敛阴，王不留行、通草、穿山甲活血行气、通经下乳，诸药合用，促进乳汁分泌。万遂如（1991）用此方治疗母兔产后缺乳或无乳症，效果良好。

三、生殖器炎症

家兔生殖器官常见的炎症有阴部炎、阴道炎、子宫内膜炎以及公兔的包皮炎和睾丸炎等。

【病因】通常是在配种、分娩、难产时受损伤或因笼舍地面污秽不洁，受感染而发生，也可继发于其他疾病。

母兔发情后交配不及时，外阴唇与笼摩擦感染而发炎。公兔因包皮内蓄积的污垢刺激或卧于被粪尿污染的垫草上而发炎。也可因交配互相感染。睾丸外伤、寄生虫等可引起睾丸炎，睾丸炎也可继发于副伤寒、兔梅毒等传染病。

【临床症状】根据炎症的性质，可将生殖器炎症分为黏液性、黏液脓性、脓性及蜂窝织炎性等数种。轻者表现为局部炎症，重者则出现体温升高、食欲减退等全身症状。

1. 阴部炎

母兔外阴或公兔包皮肿大，有时连同肛门黏膜一起肿大，有浆液浸润。由于病兔常在患部蹭痒，致使破伤结痂，甚至发炎溃疡。

2. 阴道炎

患兔从阴道流出不同性状的分泌物，常附着于阴门及尾巴上，形成薄痂，排便时呻吟、拱背。阴道黏膜肿胀、充血、出血，有的阴部溃疡。

3. 子宫内膜炎

急性者，多发生于产后及流产后，全身症状明显，时常努责，有时随同努责从阴道内排出较臭、污秽不洁的红褐色黏液或脓性分泌物。慢性者，全身症状不明显，周期性地从阴道内排出少量混浊的黏液，即使发情也屡配不孕。慢性者多因急性子宫内膜炎治疗不及时转化而成。

4. 包皮炎

睾丸实质肿胀、增温、疼痛，精索变粗，阴囊皮肤呈炎性浸润。有时可化脓破溃，甚至蔓延继发化脓性腹膜炎。病兔不愿走动。

5. 睾丸炎

多杀性巴氏杆菌经睾丸皮肤或伤口而感染。患兔的一侧或两侧睾丸肿大，质地坚实，有的伴有脓肿。受胎率降低，与其交配的母兔阴道可能有排出物流出。

【诊断】阴唇肿胀、潮红、溃疡、结痂，有痒感。阴道黏膜红肿、糜烂，从阴户流出分泌物，尿时呻吟。子宫内膜炎，阴户流不洁黏液，屡配不孕。包皮炎，包皮

肿胀，内有污物；睾丸炎，睾丸肿疼，阴囊肿胀。

【鉴别诊断】

1. 生殖器炎症（阴唇炎）与兔密螺旋体病（梅毒）的鉴别

［**相似点**］生殖器炎症（阴唇炎）与兔密螺旋体病（梅毒）均有阴唇肿胀、发红，有溃疡、结痂等症状。

［**不同点**］兔密螺旋体病（梅毒）病原为密螺旋体，有传染性。阴唇先发生小结节，并可蔓延至嘴唇、眼睑，结褐色痂皮。取溃疡面渗出液涂片镜检，可见密螺旋体。

2. 生殖器炎症（阴道炎）与兔沙门菌病鉴别

［**相似点**］生殖器炎症（阴道炎）与兔沙门菌病均有阴道黏膜充血、肿胀，流脓样分泌物等症状。

［**不同点**］兔沙门菌病的病原为沙门菌，有传染性。常发生流产，体温高（41℃），腹泻。用病血与多价抗原作凝集反应阳性。

3. 生殖器炎症（阴唇炎）与兔葡萄球菌病的鉴别

［**相似点**］生殖器炎症（阴唇炎）与兔葡萄球菌病均有阴唇周围有溃疡等症状。

［**不同点**］兔葡萄球菌病的病原为葡萄球菌，有传染性。皮下、脚皮、乳房及内脏均有脓肿，且有鼻炎。用病料接种于鲜血平皿培养基，菌落为金黄色。

4. 生殖器炎症（睾丸炎）与兔黏液瘤病的鉴别

［**相似点**］生殖器炎症（睾丸炎）与兔黏液瘤病均有睾丸肿胀、热痛等症状。

［**不同点**］兔黏液瘤病的病原为黏液瘤病毒，有传染性。鼻、耳、颌下、肛门等处也发生肿胀，内容物为黏

液。剖检可见肝脏、脾脏、肺脏、肾脏充血，淋巴结肿大、出血，心内外膜出血，肠黏肠瘀血。接种鸡胚，有明显痘斑。

5. 生殖器炎症（睾丸炎、子宫炎）与兔巴氏杆菌病的鉴别

［**相似点**］生殖器炎症（睾丸炎、子宫炎）与兔巴氏杆菌病均有阴囊肿大（睾丸炎）、阴道流脓性分泌物（子宫炎）等症状。

［**不同点**］兔巴氏杆菌病的病原为巴氏杆菌，有传染性。流浆液性鼻液，下痢、结膜炎。病料镜检，可见两极染色的卵圆小杆菌。

6. 生殖器炎症（子宫炎）与兔李氏杆菌病（慢性）的鉴别

［**相似点**］生殖器炎症（子宫炎）与兔李氏杆菌病（慢性）均有阴户流液体等症状。

［**不同点**］兔李氏杆菌病（慢性）的病原为李氏杆菌。多在分娩前1～2天拒食，消瘦，阴户流暗红或褐棕色液体，并流产或死亡。剖检可见子宫壁增厚，有坏死灶。病料涂片镜检，可见V字形排列的革兰阳性小杆菌。

【防制】

1. 预防措施

平时注意搞好地面、笼舍卫生，保持公兔阴茎、母兔阴部清洁，定期用高锰酸钾水洗涤公兔阴茎和母兔阴部。交配前检查公兔阴茎和母兔阴部是否有病。

2. 发病后的措施

发现病兔立即治疗。轻者局部处理即可；重者在局部处理的同时，要结合全身症状应用抗生素、磺胺类药物治疗。

处方 1：用0.1%新洁尔灭液、0.3%高锰酸钾液清洗阴部后，涂擦碘仿鱼肝油（1∶10），或碘甘油，或抗生素软膏，每天1次（治疗阴唇炎）。

处方 2：用0.1%新洁尔灭液，或0.1%雷佛奴耳液冲洗后，涂碘仿鱼肝油，或注入青霉素与2%普鲁卡因液。每天1次。如有糜烂、溃疡，在冲洗后涂1%硝酸银液后，再用生理盐水冲洗，每天或隔日1次（治疗阴道炎）。

处方 3：用磺胺甲氧异噁唑1片，内服，或青霉素每千克体重2万～4万国际单位肌注，12小时1次，连用5～7天。阴囊用20%硫酸镁溶液温敷，每天2次，每次20～30分钟（治疗睾丸炎）。

处方 4：包皮口周围的毛剪掉，用0.1%雷佛奴耳液，或0.1%新洁尔灭液冲洗包皮内腔，必要时用止血钳夹棉花擦拭尿鞘，以排除黏附物，而后涂碘仿鱼肝油（治疗包皮炎）。

处方 5：用0.1%雷佛奴耳液冲洗子宫，冲洗后注入青霉素80万单位（用蒸馏水5毫升稀释后）加2%普鲁卡因2毫升，隔日1次。同时用垂体后叶素2万～4万单位，皮注，促进子宫收缩，排出分泌物。内服磺胺甲氧异噁唑（SMZ）1片，12小时1次，以消除子宫炎（治疗子宫炎储脓）。

四、流产和死产

母兔怀孕终止，排出未足月的胎儿，称为流产；怀孕足月，但产出死的胎儿，称为死产。

【病因】 引起流产与死产的原因很多。各种机械性因素，如剧烈运动，捕捉保定方法不当，摸胎（妊娠检查）用力过大，产箱过高、洞门太小或笼舍狭小使腹部受挤压撞击等，巨大的音响（如放鞭炮）、猫狗窜入使兔受意外惊吓、突然受强光刺激（如手电筒照射）等均可造成流产。饲料营养不全价，尤其是某些维生素和微量元素不足，饲料中毒（如草料发霉），生殖器官疾病，以及某些急性传染病和重危的内外科疾病，也可引起流产与死产。另外还有许多微生物引起的传染病都会引起流产。有些初产母兔，在产第一窝时高度神经质，母性差，也会造成死产。另外，内服大量泻剂、麻醉剂以及饮用温度过低的水等也能引起流产与死产。

【临床症状】 一般在流产与死产前无明显症状，或仅有精神、食欲的轻微变化，不易被注意到，常常是冬笼舍内见到母兔产出的未足月胎儿或死胎时才发现。怀孕初期，流产可为隐性的，即胎儿被吸收，不排出体外，误认为未孕。有的怀孕 15 天左右，衔草拉毛，产出没成形的胎儿；有的提前 3～5 天产出死胎；有的东产一只，西产一只，延续 2～3 天；有的产出部分死胎，部分活胎儿。产后母兔多数体温升高，食欲不振，精神不好。个别病兔可继发阴道炎、子宫炎，造成屡配不孕。

【鉴别诊断】

1. 流产和死产与兔沙门菌病的鉴别

［**相似点**］流产和死产与兔沙门菌病均有孕兔流产。

［**不同点**］兔沙门菌病的病原为沙门菌。病兔阴道黏

膜红肿，从阴户流脓样分泌物。流产的胎儿体弱，皮下水肿，很快死亡，也有木乃伊。母兔常在流产后很快死亡。

2. 流产和死产与兔李氏杆菌病（慢性）鉴别

［**相似点**］流产和死产与兔李氏杆菌病（慢性）均有孕兔流产。

［**不同点**］兔李氏杆菌病（慢性）的病原为李氏杆菌，有传染性。分娩前2～3天，精神不振，拒食，消瘦，阴户流暗红或棕褐色液体，1～2天病兔流产或死亡。

3. 流产和死产与兔葡萄球菌病鉴别

［**相似点**］流产和死产与兔葡萄球菌病均有孕兔流产。

［**不同点**］兔葡萄球菌病的病原为葡萄球菌。病兔阴户周围有脓肿，从阴户流出黄白色黏稠脓液，流产。仔兔常伴发脓毒败血症和“黄尿病”（急性肠炎）。

4. 流产和死产与兔痘的鉴别

［**相似点**］流产和死产与兔痘均有孕兔流产。

［**不同点**］兔痘的病原为兔痘病毒，有传染性。病兔体表皮肤出现红斑性疹，后成丘疹，中央凹陷的坏死，干燥形成痂皮。剖检可见子宫布满白色结节。

5. 流产和死产与兔肺炎克雷伯病的鉴别

［**相似点**］流产和死产与兔肺炎克雷伯病均有孕兔流产。

［**不同点**］兔肺炎克雷伯病的病原为肺炎克雷伯菌。病兔体温升高，喷嚏，流鼻液，呼吸困难，腹胀，排黑

色糊状粪。

6. 流产和死产与维生素A缺乏症的鉴别

［**相似点**］流产和死产与维生素A缺乏症均有孕兔早产、死胎。

［**不同点**］维生素A缺乏症是因饲料缺乏维生素A而发病。症状为咳嗽，下痢，角膜浑浊、干燥，还产弱胎和畸形胎儿。

7. 流产和死产与维生素E缺乏症鉴别

［**相似点**］流产和死产与维生素E缺乏症均有孕兔流产，死胎。

［**不同点**］维生素E缺乏症因维生素E缺乏而病。症状为步态不稳，平衡失调，四肢肌肉僵直，进行性肌无力。

8. 流产和死产与棉籽饼中毒鉴别

［**相似点**］流产和死产与棉籽饼中毒均有孕兔流产。

［**不同点**］棉籽饼中毒是因吃未脱毒的棉籽饼而发病，症状为腹痛，粪中带血，黏膜发绀。耳、四肢下端发凉。全身无力。

【防制】对流产后的母兔，应保持安静，注意休息，喂给营养充足的饲料，并加3%食盐。及时应用磺胺、抗生素类药物，局部清洗消毒，控制炎症以防继发性感染。加强饲养管理，找出流产的原因并加以排除。防止早配和近亲繁殖，发现有流产预兆母兔，可肌内注射黄体酮15毫克保胎。对习惯性流产的母兔，应及时淘汰。

五、产后瘫痪

产后瘫痪多在母兔分娩后3～5日发生。

【病因】日粮营养不全，钙、磷缺乏或不足。产后缺乏光照，运动不足，体质虚弱。母兔繁殖胎次过密，产仔过多，营养消耗过多而又得不到补充。母兔受惊吓。患球虫病、兔梅毒病、子宫炎、肾炎，饲料中毒等。

【临床症状】病兔精神沉郁，食欲减少或废绝。病初粪粒干、硬、小，呈黑色，以后停止排粪排尿，乳汁分泌减少或停止泌乳。重者后肢麻痹，精神萎靡，对周围环境失去反应能力，呈昏睡状态。

【鉴别诊断】

产后瘫痪与截瘫的鉴别

［**相似点**］产后瘫痪与截瘫均有后肢麻痹，瘫卧，不能起站，不吃等症状。

［**不同点**］截瘫是因捕捉或坠落，形成腰椎骨折或脱位。按压腰部有疼痛，针刺痛点的后部皮肤无反应，痛点前方针刺反应强烈。

【防制】加强饲养管理，对有治疗价值的种母兔，可试行按摩、电疗、补钙等措施；采取内服油类泻剂、灌肠等对症治疗。

六、子宫出血

【病因】子宫出血是由于绒毛膜或子宫壁的血管破裂所引起。主要是孕兔腹部直接受暴力作用，使子宫壁血管（母体血）或绒毛膜血管（胎儿血损伤、破裂所致。此外，胎儿生长过大、分娩时间过长、子宫肿瘤以及流产前后均可发生子宫出血。

【临床症状】出血少时，血液积于子宫壁与胎膜之间，不向外流出，不易确诊，可见先兆性流产的症状。出血量大时，除腹痛不安、频频起卧等流产预兆外，阴道流出褐色血块，严重时可视黏膜苍白，肌肉颤抖，甚至死亡。

【防制】防止孕兔腹部受到暴力袭击。发现子宫出血后，让孕兔安静休息，同时腰部冷敷。禁用强心和输液疗法，少做不必要的阴道内检查。可皮下注射 0.1%肾上腺素 0. 05 毫升或应用其他止血药。病兔兴奋不安时，可给予镇静剂。出血不易制止，危及病兔生命时，应及时行人工流产，流产后注射垂体后叶素 1 毫升或麦角新碱注射液 1 毫升，或内服麦角精 1/4 片，以促使子宫收缩，制止出血。

七、不孕症

【病因】母兔不孕比较常见，其原因是多方面的。兔体过肥或过瘦，饲料不全价，饲料中缺乏蛋白质或质量差，维生素 E 含量不足，兔精液品质低，母兔不发情或发情不规律，卵泡发育不健全，交配后卵巢不排卵或少排卵，造成不孕或受胎率很低；种公兔配种负担过重或者长期不配种使生殖机能衰退，精液品质下降；夏季炎热，秋季换毛，都会使公兔精液量少质差，母兔发情不规律或停止发情；兔舍拥挤，通风不良，缺乏光照，潮

湿肮脏，都会引起公兔、母兔的性机能紊乱，影响受胎；母兔患有子宫炎、卵巢肿瘤、阴道炎等生殖器官疾病及患葡萄球菌、李氏杆菌、兔梅毒等，也可造成不孕。

【防制】

① 及时治疗生殖器官疾病，屡配不孕的，应予淘汰。调剂营养，避免兔过肥和过瘦，配种前5～10天适当补充维生素E；保证光照时间，每天10～12小时。

② 促进发情，其措施如下。

a. 异性诱导法。将母兔每天2次放入公兔笼内，通过公兔的追逐爬跨刺激，一般2天后就会有发情的表现。

b. 复配和双配。复配是同1只公兔，与母兔第1次交配后，过8～10小时再交配1次。双配是用2只公兔与1只母兔交配，间隔时间是10～15分钟。

c. 刺激发情。在母兔的阴户上涂抹一点清凉油刺激一下，涂后5～6分钟，母兔就愿意和公兔交配了。

③ 如果是母兔卵巢机能降低而不孕，可试用激素治疗，皮下或肌内注射促卵泡素（FSH），每次0.6毫克，用4毫升生理盐水溶解，每天2次，连用3天。于第4日早晨母兔发情后，再耳静脉注射2.5毫克促黄体素，之后马上配种。用量要准确，用量大反而效果不好。

八、兔的膀胱炎

膀胱炎是指膀胱黏膜或黏膜下层的炎症。按炎症的性质分为卡他性、纤维素性、化脓性、出血性几种。一般以卡他性炎症为多见。

【病因】膀胱炎是由于伤风受寒，化脓杆菌和大肠杆菌侵入，随血液循环或由尿道侵入膀胱而引起，母兔还可能由于阴道炎、子宫炎而蔓延到膀胱引起发炎。

【临床症状】患兔尿频，有时做排尿姿势，但排不出尿，排尿困难。有时每次只尿几滴，尿液浓而混浊，有恶臭。患兔阴部周围、大腿内侧的兔毛黄湿。严重时，尿中带脓、带血。

【防制】防止伤风，做好兔舍防寒保暖工作。

九、尿路感染

【病因】兔笼、兔舍卫生不好，长期不消毒，家兔会阴不洁，细菌由尿道上行感染，使肾和膀胱功能失常引起此病。母兔多见。

【临床症状】患兔尿频、尿急、尿痛，尿液浑浊、有臭味，精神不安，并伴有尖叫声。会阴部绒毛被尿湿。急性的体温升高，慢性的一般体温正常。食欲减退，消瘦。

【防制】搞好笼舍卫生，定期消毒。注意家兔会阴部的清洁。

十、口炎

口炎为口腔黏膜表层或深层发生炎症。以口腔黏膜潮红，肿胀，水疱，溃疡，流涎为特征。

【病因】硬质有棘刺的饲料，尖锐牙齿或铁丝、钉子刺伤；吃或舔食腐败饲料、生石灰、氨水。

【临床症状】

1. 一般性

口腔黏膜潮红，肿胀，损伤或溃疡，流涎，吃草减少或废食。

2. 水疱性

口腔黏膜有散在小水疱，水疱破后发生糜烂或溃疡，流不洁唾液，有臭气。废食。

【鉴别诊断】

1. 口炎与传染性水疱性口炎的鉴别诊断

［**相似点**］口炎与传染性水疱性口炎均有口腔黏膜潮红，肿胀，水疱，溃疡，流涎，废食等症状。

［**不同点**］传染性水疱性口炎的病原为水疱性口炎病毒，有传染性，主要发生于1～2周龄仔兔，成年很少发生。唇、舌、硬腭、口腔黏膜发生粟粒大、蚕豆粒大的水疱；部分生殖器也发生水疱，糜烂、溃疡；大量流涎，使颌下、颈、胸前被毛沾湿，并发热、腹泻，死亡率60%～70%以上；用稀释的水疱液或唾液过滤接种于兔肾原代单层细胞，如有病毒存在，8～12小时发生细胞病痘病毒；皮肤有中央凹陷的丘疹，还有眼炎，体温高(40～42℃)；进行血清交叉试验和牛痘交叉试验，可确诊。口炎因吃粗硬草或有刺激的食物、水而发病，无传染性，体温不高。

2. 口炎与兔坏死杆菌病的鉴别诊断

［**相似点**］口炎与兔坏死杆菌病均有口腔黏膜发炎，溃疡，流涎等症状。

［**不同点**］兔坏死杆菌病病原为坏死杆菌，有传染

性；唇、面、颈、四肢皮肤及皮下也发生坏死性炎症，有恶臭；肝脏、脾脏、淋巴结涂片镜检，可见坏死杆菌；口炎只有口腔发生病变，无传染性，体温不高。

【防制】

1. 预防措施

注意兔笼不能有尖刺外露，不喂干硬有刺饲草，防止口腔发生外伤性炎。同时经常检验兔的牙齿，如有磨灭不整应及时修整，避免化学因素的刺激。

2. 发病后措施

发现病兔除治疗外，应给以柔嫩的饲料，以减少对口腔黏膜的刺激。

用生理盐水，或2%～3 %碳酸氢钠液（强酸致病），或0.1%高锰酸钾液，或0.1%雷佛奴耳液，2%明矾液（流涎多时）冲洗口腔，每天2～3次，冲后涂碘甘油或撒冰硼散（如出现体温升高，用青霉素每千克体重1万～3万国际单位、链霉素每千克体重2万国际单位肌注，8～12小时1次）。

十一、胃炎

胃炎是胃黏膜表层或深层组织发生炎症的过程，以消化机能障碍为主征。

【病因】吃腐败变质或冰冻饲料；细菌、真菌、药物、化学物质刺激。

【临床症状】

1. 轻症

食欲减退，吃草，不吃精料，精神不振，便秘或腹

泻交替发生。

2. 重症

偶吃青料，不吃精料，甚至废食，全身无力，不爱活动，极度衰弱，腹蜷缩，肠音弱或废绝。粪球很小，表面附有多量黏液，有的还有血液或灰白色纤维素膜、恶臭。

【鉴别诊断】

1. 胃炎与胃肠炎的鉴别

［**相似点**］胃炎与胃肠炎都是因吃霉败、冰冻饲料而发病，精神不振，减食，粪干稀交替，恶臭。

［**不同点**］胃肠炎体温稍高，拉稀时水样，肠音响亮，易引起脱水和自体中毒，出现神经症状。胃炎便秘或腹泻交替，无神经症状。

2. 胃炎与球虫病（肝脏型）的鉴别

［**相似点**］胃炎与球虫病（肝脏型）均有精神不振，减食，粪球小，外附黏液等症状。

［**不同点**］球虫病的病原为球虫，有感染性。消瘦，触诊肝区疼痛；剖检可见肝脏表面有淡黄色粟粒至豌豆粒大的结节，粪检可见卵囊。胃炎便秘或腹泻交替。

【防制】

1. 预防措施

经常注意饲料质量，霉变、冰冻的勿喂，防止吃有刺激的药物和化学物质。

2. 发病后措施

在发病期喂易消化的青嫩饲草，精料煮熟后喂，抓紧治疗。

处方 1：鞣酸 0.5～1 克，大黄粉 0.5～1 克，龙胆粉 0.5～1 克，食母生 2 片，用蜂蜜调成舔剂涂于舌根吞服。早晚各 1 次，连用 3 天。如已开始吃青草或青干草而仍不吃精料，在喂药时加食醋 2 毫升，待吃精料后即不再喂。

处方 2：五倍子、大黄、龙胆各 2～3 克，水煎服，服时加食母生 2 片（研末）灌服，1 天 1 次，连 3 天。如已开始吃青草或青干草而仍不吃精料，在喂药时加食醋 2 毫升，待吃精料后即不再喂。

十二、便秘

兔的便秘主要是由于肠内容物停滞、变干、变硬，致使排粪困难，严重时可造成肠阻塞的一种腹痛性疾病。它是兔消化道疾病的常见病症之一，其中幼兔、老龄兔多见。

【病因】引起家兔便秘的因素很多，如热性病、胃肠弛缓、饲养管理不良等，但最主要的是饲养管理不当。主要是由于精、粗饲料搭配不当，精料过多，饮水不足；缺少新鲜青绿饲料，长期饲喂单一的干硬饲料，如甘薯秧、豆秸、稻草、稻糠等；采食含有大量泥沙、被毛等异物使粪球变大，从而使胃肠蠕动减弱；环境的突然改变，运动不足，打乱正常排便习惯或继发其他疾病等多种因素均可导致便秘发生。

【临床症状】兔患病初期肠道不完全阻塞，精神稍差，食欲减退，喜欢饮水，排粪困难，粪量少，粪球干硬，粪粒两头尖；完全阻塞时，食欲废绝，数天不见排粪，腹痛不安。有的频做排粪姿势，但无粪排出。当阻塞前段肠管产气、积液时，可见腹部臌胀，不安；触疹腹

部，在盲肠与结肠部可触到内容物坚硬似腊肠或念珠状坚硬的粪块。剖检，盲肠和结肠内充满干硬颗粒状粪便。

【病理变化】剖检发现结肠和直肠内充满干硬呈球状的粪便，前部肠管积气。

【鉴别诊断】

1. 便秘与肠臌气的鉴别

［**相似点**］便秘与肠臌气均有废食，不想动，腹围膨大，不排粪等症状。

［**不同点**］肠臌气是兔吃了易发酵饲料或带露水、雨水的青草而发病；肠充满气体，鸣叫；叩之呈鼓音；呼吸困难，黏膜发绀。

2. 便秘与胃积食的鉴别

［**相似点**］便秘与胃积食均有不吃，腹部膨大，叩之鼓音（气胀）等症状。

［**不同点**］胃积食多因饥饿后或更换饲料采食过多而病，膨大部为前腹部，后腹不膨大，且肠无积粪。

【防制】

1. 预防措施

夏季要有足够的青饲料。冬季喂干粗饲料时，应保证充足、清洁的饮水。精、粗、青绿饲料合理搭配，定时定量饲喂，防止贪食过多；适当增加运动，保持料槽的清洁卫生，及时清除槽内泥沙被毛等异物。

2. 发病后措施

发病初期可适当喂青绿多汁饲料，待粪便变软后减少饲喂量。对病重的兔要立即停食，增加饮水量并且按摩兔的腹部，慢慢地压碎粪球、粪块，同时使用药物促进肠蠕动，增加肠腺的分泌，以软化粪便。成年兔，硫酸钠2～8g或人工盐10～15g加温水适量1次灌服，幼兔可减半灌服；此外，用液体石蜡、植物油，成年兔10～20毫升，加温水适量1次灌服，必要时可用温水灌肠，促进粪便排出。操作方法是：用粗细能插入肛门的橡皮管或软塑料管，事先涂上液体石蜡或植物油，缓缓插入肛门5～8cm，灌入40～45℃的温肥皂水或2%碳酸氢钠水，为了防止肠内容物发酵、产气，可口服5%乳酸5毫升、食醋15毫升。

十三、积食

积食又称胃扩张。一般2～6月龄的幼兔容易发生，常见于饲养管理不当、经验不多的初养兔的养兔场。

【病因】兔贪食过量适口性好的饲料，特别是含露水的豆科饲料，较难消化的玉米，小麦，食后易产生臌胀的饲料，腐败和冰冻饲料等导致本病发生。积食也可继发于其他疾病，如肠便秘，肠臌气，或球虫病的过程中。

【临床症状】通常在采食几小时后开始发病。病兔卧伏不动或不安，胃部肿大，流涎，呼吸困难，表现痛苦，眼半闭或睁大，磨牙，四肢集于腹下，时常改变蹲伏的位置。触诊腹部，可以感到胃体积明显胀大，如果胃继续扩张，最后导致胃破裂死亡。慢性发作的常伴有肠臌气和胃肠炎，如不及时治疗，可于1周内死亡。剖检可见胃体积显著增大，内容物酸臭，胃黏膜脱落；胃破裂的病死兔，胃局部有裂口，胃内容物污染整个腹腔。

【诊断】有饥饿后过食史，特别是采食不易消化的、

易膨胀的饲料，结合临床症状初步诊断。

【防制】

1. 预防措施

平时饲喂要定时定量，加强管理，切勿饥饱不匀。幼兔断奶不宜过早；更换干、青饲料时要逐渐过渡。禁止喂给雨淋、带露水的饲料或晾干再喂；禁止饲喂腐败、冰冻饲料，少喂难消化的饲料。

2. 发病后措施

发生积食应立即采取措施，停止饲喂。

处方 1：灌服植物油或石蜡油 10～20 毫升，萝卜汁 10～20 毫升，食醋 40～50 毫升，口服小苏打片和大黄片 1～2 片，服药后，人工按摩病兔腹部，增加运动，使内容物软化后移。必要时皮下注射新斯的明注射液 0.1～0.25 毫克。多给饮水，后可给易消化的柔软的青绿饲料。

处方 2：神曲 3 克，麦芽 3 克，山楂 3 克。加水煎汁灌服。小兔酌减。

处方 3：菖蒲、青木香、山楂肉各 6 克，橘皮、神曲各 2 克。煎水喂服。

十四、胃肠炎

胃肠炎是胃肠表层黏膜及其深层组织炎症过程。不同年龄的兔都可发生，幼兔发生后死亡率比较高。

【病因】兔采食品质不良的草料，如霉败、霜冻饲料以及有毒植物、化学药品处理过的种子等，或者是饲料饮水不清洁。兔舍潮湿，饲草被泥水污染均可导致本病的发生。断奶幼兔，体质较差，常因贪食过多饲料发生肠臌气，在此基础上继发胃肠炎。继发性胃肠炎见于胃扩张、胃臌气、出血性败血症、副伤寒及球虫病等。

【临床症状】初期，只表现胃黏膜浅层轻度炎症，食欲下降，消化不良，排出的粪便带有黏液。时间延长，炎症加重，胃肠内容物停滞，且发生发酵、腐败，助长肠道有害菌的危害作用。当细菌产生的毒素被机体吸收后，导致严重的代谢紊乱，消化障碍，病兔食欲废绝，精神迟钝，舌苔重，口恶臭，四肢、鼻端等末梢发凉。腹泻是胃肠炎的主要特征之一，先便秘，后拉稀，肠管蠕动剧烈，肠音较亮，粪便恶臭混有黏液、组织碎片及未消化的饲料，有时混有血液；肛门沾有污粪，尿呈酸性、乳白色。后期肠音减弱或停止，肛门松弛，排便失禁，腹泻时间较长者呈现里急后重现象。全身症状严重，兔眼球下陷，脉搏弱而快，迅速消瘦，皮温不均，随病情恶化，体温常降至正常以下；当严重脱水时，血液黏稠，尿量减少，肾脏机能因循环障碍受阻。被毛逆立无光泽，腹痛、不安，出现全身肌肉抽搐、痉挛或昏迷等神经症状。若不及时治疗则很快死亡。肠黏膜剥脱、出血，肠壁变薄，内容物呈红褐色。各实质脏器均有不同程度的变性。

【诊断】根据临床症状、病理变化和实验室检查（血、粪、尿均有不同程度的变化，白细胞总数增多，中性粒细胞增多。血液浓稠，血沉减慢，红细胞压积容量和血红蛋白增多。尿蛋白质和粪潜血阳性）可以确诊。

【鉴别诊断】

1. 胃肠炎与消化不良的鉴别

［**相似点**］胃肠炎与消化不良多因饲养管理不善和饲

料不清洁而发病，排粪粥状或水样，后肢粪污。

［**不同点**］消化不良粪中含有未消化食物、无臭，有异嗜，体温不高，粪中不含血液、胶冻样黏液。胃肠炎排绿黑色稀粪，恶臭，常含有血液、黏液、气泡，尿乳白色酸性。

2. 胃肠炎与兔沙门菌病的鉴别

［**相似点**］胃肠炎与兔沙门菌病均有沉郁，不吃，体温升高（41.5℃），腹泻，粪中含黏液、泡沫，有臭味等症状。

［**不同点**］兔沙门菌病的病原为沙门菌，有传染性，3～5天死亡，孕兔常流产，从阴户流脓样分泌物。用耳血与沙门菌多价抗原作玻片凝集试验，可确诊；胃肠炎无传染性，腹围膨大，肠臌气，肠音响亮，剖检可见胃充满食物，黏膜脱落。回肠、盲肠、结肠有稀粪，胶冻样。

3. 胃肠炎与兔球虫病的鉴别

［**相似点**］胃肠炎与兔球虫病均有食欲不振，腹部膨大，腹泻、水样，后肢粪污等症状。

［**不同点**］兔球虫病的病原为球虫，粪检可见卵囊。胃肠炎排绿黑色稀粪，恶臭，常含有血液、黏液、气泡，尿乳白色酸性。

4. 胃肠炎与兔大肠杆菌病的鉴别

［**相似点**］胃肠炎与兔大肠杆菌病均有精神不振，减食或废食，腹泻，排粥状或水样粪便，含气泡、黏液，肛周、后肢粪污等症状。

［**不同点**］兔大肠杆菌病的病原为大肠杆菌，有传染

性，染病后排胶冻样黏液，剖检可见胃、十二指肠有气体和黏液；空肠、回肠、盲肠、结肠充满透明胶冻样黏液；用标准血清作凝集反应，可确定血清型。

5. 胃肠炎与兔产气荚膜梭菌（A型）病的鉴别

［**相似点**］胃肠炎与兔产气荚膜梭菌（A型）病均有精神不振，不吃，拉稀，水样，肛门、后肢粪污等症状。

［**不同点**］兔产气荚膜梭菌（A型）病的病原为魏氏梭菌，有传染性；病兔排污褐色、污绿色粪水，有特殊腥臭味，多在水泻出现当天或次日死亡。剖腹即有特殊腥臭味，胃底黏膜脱落，有大小不等溃疡。盲肠、结肠充满气体和黑绿色稀薄内容物，有腐臭气味。取空肠、回肠内容物涂片镜检，可见魏氏梭菌。

6. 胃肠炎与泰泽病的鉴别

［**相似点**］胃肠炎与泰泽病均有沉郁，废食，排糊状、水样粪便，后肢粪污等症状。

［**不同点**］泰泽病的病原为毛发样芽孢杆菌，有传染性。常在出现症状12～48小时死亡，病死率95%。剖检可见回肠末端、盲肠、结肠前段黏膜充血、出血，圆小囊、蚓突肿大、肥厚，盲肠黏膜粗糙，充满气体，内有褐黑色糊状或水样内容物。病料涂片染色镜检，可见细胞浆内存在毛发样芽孢杆菌。

7. 胃肠炎与仔兔轮状病毒病的鉴别

［**相似点**］胃肠炎与仔兔轮状病毒病均有精神不振，减食，排粥样或水样稀粪，有恶臭，后肢粪污等症状。

［**不同点**］仔兔轮状病毒病的病原为轮状病毒，有传

染性。病兔排稀粪如蛋花汤样，白色、棕色、灰色、浅绿色。多数下痢后 3 天死亡。用小肠后段内容物离心过滤后的上清液，负染色电镜，可见轮状病毒。

8. 胃肠炎与胃炎的鉴别

［**相似点**］胃肠炎与胃炎均因吃霉变、冰冻饲料而病。精神不振，减食，粪稀恶臭。

［**不同点**］胃炎多吃草不吃精料，粪球干小，外附黏液或纤维素膜，便秘与下痢交替，肠音弱或废绝。胃肠炎排绿黑色稀粪，恶臭，常含有血液、黏液、气泡，尿乳白色酸性。

【防制】

1. 预防措施

加强日粮管理，给以营养平衡的饲料，不可突然改变饲料，防止贪食；定时定量给食。严禁饲喂腐败变质饲料，保持兔舍卫生。对于断奶的幼兔要给予优质全价饲料。

2. 发病后措施

处方 1：对肠炎引起的脱水，可通过口服补液，即口服补液盐让病兔自由饮用。制止炎症发展可采用抗菌类药物，内服链霉素粉 0.01～0.02 克/千克体重或新霉素 0.025 克/千克体重。清肠止泻，保护胃黏膜，可投服药用炭悬浮液，也可内服小苏打，每次 0.25～0.1 克/千克体重，每日 3 次。严重者应静脉注射或腹腔注射葡萄糖氯化钠注射液 500～1000 毫升，皮下注射维生素 C。增强病兔抵抗力，防止脱水。

处方 2：磺胺脒 1～2 片，硅碳银 1～2 片，食母生 1～2 片，复合维生素 B 1～2 片，一次服用（研末、蜂蜜调为舔剂，涂于舌根），8～12 小时 1 次，连用 3～5 天。庆大霉素每千克体重3～5毫克皮注，12小时1次，连用3～5天。

处方3：白头翁、黄连、秦皮各10克，甘草8克。用水煎为浓药液，每只每次灌服10毫升，每日3次。

十五、肠源性毒血症

肠源性毒血症是由肠道微生物产生毒素引起。以急剧腹泻、脱水为特征。

【病因】 取盲肠内容物中最多分离到的大肠杆菌、魏氏梭菌，偶尔分离到的芽孢菌属、肠杆菌属、变形杆菌属、链球菌属的细菌，仅能检测出E型魏氏梭菌毒素；可能有一种激发因素诱导这些细菌产生毒素，而喂高能量食物多，纤维素含量低时，容易发病。

【临床症状】 主要发生于4～6周龄幼兔。突发，急剧腹泻，口渴，脱水，减食，毛粗乱，12～24小时死亡。

【病理变化】 胃内通常有较多水分，肠有急性炎症，盲肠黏膜脱落，浆膜有点状出血或出血斑，内有绿黑色水样液。淋巴结有坏死灶。大约50%有间质性肺炎。少数心包出血。

【鉴别诊断】

1. 肠源性毒血症与兔沙门菌病的鉴别

[**相似点**] 肠源性毒血症与兔沙门菌病均为幼兔发病，急剧腹泻。

[**不同点**] 兔沙门菌病病原为沙门菌，有传染性。最急性不显症状即死亡，急性3～5天死亡。粪有乳白色气泡、黏液。孕兔流产，阴户排脓性分泌物。剖检胸腹腔

有多量浆液和纤维素渗出物。肠黏膜充血、出血，黏膜脱落，溃疡附近有黄白色凝乳物，圆小囊和蚓突肿胀，有结节。用兔耳血与沙门菌多价抗原作玻片凝集试验，即可确诊。肠源性毒血症剖检可见胃内有水，肠有急性炎。盲肠黏膜脱落，浆膜有出血斑点，内有绿黑色水样液，淋巴结有坏死灶。

2. 肠源性毒血症与泰泽病的鉴别

［**相似点**］肠源性毒血症与泰泽病均有突发急剧腹泻，迅速脱水等症状，很快死亡（12～48小时）。

［**不同点**］泰泽病的病原为毛发样芽孢杆菌，有传染性。粪褐色、糊状。剖检可见回肠末端、盲肠、结肠前段黏膜充血、出血，浆膜有出血点，圆小囊和蚓突变硬，有坏死灶。病料涂片染色镜检，可见细胞浆内存有毛发样芽孢杆菌。

3. 肠源性毒血症与兔产气荚膜梭菌（A型）病的鉴别

［**相似点**］肠源性毒血症与兔产气荚膜梭菌（A型）病均突发剧泻，口渴，死亡快（当天或次日，有的几小时），剖检盲肠有黑绿色粪便。

［**不同点**］兔产气荚膜梭菌（A型）病的病原为魏氏梭菌，有传染性。腹膨大，摇晃兔身，有晃水音，提起兔，粪水从肛门流出。粪有特殊腥臭味。剖检：剖腹即有特殊腥臭味，用标准血清（A、B、C、D型）可定型。

【防制】本病目前尚无有效防治措施。喂饲的饲料避免能量过多（尤其碳水化合物）、纤维素含量低的配比方法。用高纤维素、低能量食物可预防本病的发生。用A型产气荚膜梭菌灭活菌苗无明显效果。

十六、肠臌气

肠臌气多为急性发生，如不及时进行治疗，很快导致死亡。在肠内发酵是造成臌气的主要原因，尤其在盲肠内产生大量气体，臌气迅速形成。

【病因】兔采食容易发酵的饲料，如大豆秸、紫云英、三叶草，堆积发热的青草，腐败冰冻饲料，以及多汁、易发酵的青贮料，或突然更换饲料，造成贪食也可发病。一般2～6周龄的幼兔最易发病。本病也可继发结肠阻塞、便秘等肠阻塞病。

【临床症状】通常以2～6月龄的兔最易发生。病兔食欲减退直至废绝，卧于一角，不愿走动，表现不安，呼吸困难，磨牙，并经常改换蹲伏部位，有悲鸣声。腹部增大、充满气体，用手触摸胃部像气球，肠内粪球干硬、变小，可视黏膜潮红甚至发绀。如不及时治疗，可导致胃破裂或窒息死亡。

【病理变化】死兔腹部增大，黏膜发绀，胃体积显著增大，胃内容物酸臭，胃黏膜脱落，大肠和小肠充满气体。

【诊断】有采食大量易发酵饲料的病史。发病比较突然，结合临床症状可以初步诊断。诊断要点：吃易发酵饲料后发生肠臌胀，腹部膨大，叩之鼓音。呼吸困难，不愿运动，磨牙，鸣叫，黏膜潮红或发绀，最后窒息死亡。

【鉴别诊断】

1. 肠臌气与便秘的鉴别

[**相似点**] 肠臌气与便秘均有废食，不想动，腹部膨大等症状。

[**不同点**] 便秘可在腹壁触诊到肠内坚硬粪粒。

2. 肠臌气与毛球病的鉴别

[**相似点**] 肠臌气与毛球病均有废食，腹部膨大等症状。

[**不同点**] 毛球病可在前腹部摸到毛球，渴欲增加，毛球小时才在肠内积聚成坚实粪粒。

3. 肠臌气与菜籽饼中毒的鉴别

[**相似点**] 肠臌气与菜籽饼中毒均有腹胀、腹痛，黏膜发绀，流涎等症状。

[**不同点**] 菜籽饼中毒因吃菜籽饼而发病。腹泻粪中带血。瞳孔散大，全身无力。取菜籽饼 20 克，加等量蒸馏水，搅拌过夜，取上清液 5 毫升，加浓硝酸 3～4 滴，迅速显红色，即证明有异硫氰酸盐存在。

4. 肠臌气与胃积食的鉴别

[**相似点**] 肠臌气与胃积食均是因吃易发酵、冰冻、变败饲料发病。腹胀大，不食，伏卧，不愿动，磨牙，呼吸困难，最后窒息死亡。

[**不同点**] 胃积食多在吃食过多，食后不久即发病。腹部触诊，在前腹部摸到坚实或气胀的胃，后腹部并不胀气。

【防制】

1. 预防措施

严禁给兔饲喂大量易发酵、易造成臌胀饲料。注意加强饲料保管，防止发霉、冰冻、腐烂，一旦变质，不能用来喂兔。更换饲料要逐渐进行，以免兔贪食。断奶幼兔少食多餐，同时要加强日常运动，对便秘、结肠阻塞的病兔要及时治疗，做好球虫病的防治工作。

2. 发病后措施

对短时间内形成的急性肠臌气，需要立刻动手术，先用手按住腹部以固定肠道，在臌气最突出的地方剪毛、消毒后，用 12 号针头，穿刺放气，消退后，灌服大黄苏打片 2～4 片，为预防霉菌性肠炎，用制霉菌素 5 万单位，每天 3 次，连用 2～3 天。对于病情比较稳定的患兔，可应用如下治疗方案。

① 内服适量植物油，不仅能疏通肠道，且对泡沫性臌气有效。

② 应用制酵药，大蒜（捣烂）6 克，醋 15～30 毫升，一次内服，或醋 30～60 毫升内服，或姜酊 2 毫升，大黄酊 1 毫升，加温水适量内服。对轻微病例可辅助性按摩腹壁，兴奋肠活动，排出气体。

③ 对于便秘性臌气，可用硫酸镁 10 克，液状石蜡 10 毫升，一次灌服。为缓解心肺功能障碍，可肌注 10% 安钠咖注射液 0.5 毫升，若去除肠臌气，患兔还需隔一段时间喂料，以免复发。最好喂易消化的干草，再逐步过渡到正常饲料。

十七、毛球病

毛球病主要是由于兔食入被毛所引起的，临床上较多发生，长毛兔多发。

【病因】 饲养管理不当（如兔笼太小，互相拥挤而吞食其他兔的绒毛或长毛兔身上久未梳理的毛，兔不适而咬毛吞食；未及时清理脱落在饲料内、垫草上的绒毛而被兔吞食；母兔分娩前拉毛营巢，吃产箱内垫料时，连毛吃入体内等）、饲料营养物质不全（尤其是缺乏微量元素镁时，导致兔掉毛，吃毛；长期饲喂低维生素的日粮或日粮中蛋白质不足，尤其是硫氨基酸含量不足时，也会造成兔吃毛；缺乏维生素 A 和 B 族维生素，兔形成异食癖，舔食自己的被毛）以及当患有皮炎和疥癣时，因发痒，兔啃咬被毛而引起毛球病。

【临床症状】 病兔表现为食欲不振，好卧，喜饮水，大便秘结，粪便中带毛，有时成串。由于饲料、绒毛混合成毛团，阻塞肠道，当形成肠阻塞和肠梗阻时，病兔停止采食，因为胃内饲料发酵产气，所以胃体积大且臌胀。触诊能感觉到胃内有毛球。患兔贫血、消瘦，衰弱甚至死亡。

【病理变化】 剖检可见胃内或小肠内有毛球。

【诊断】 根据触诊能感觉到胃内有毛球可以初步诊断。

【鉴别诊断】

1. 毛球病与便秘的鉴别

［**相似点**］毛球病与便秘均有减食或废食，排粪少或不排粪，胃部膨大等症状。

［**不同点**］触摸腹部，可摸到肠有积粪。

2. 毛球病与肠臌胀的鉴别

［**相似点**］毛球病与肠臌胀均有废食，腹部膨大，胃

膨满，伏卧不动等症状。

［**不同点**］肠臌胀多因吃易发酵饲料而病，较急性。前腹部触诊，胃松软而不坚实。

【防制】

1. 预防措施

加强饲养管理，保证供给全价日粮，增加矿物质和富含维生素的青饲料，补充含甲硫氨酸（禾本科牧草、玉米等）和胱氨酸（苜蓿、豌豆等）较多的饲料；患有食毛癖的兔要隔离饲养，把它身上的毛剪去，多喂一些干草。在饲料里加些盐和骨粉，多给饮水，这样就能很快地矫正过来。喂兔时要注意不要让饲料渣沾于兔的身上，在交配时，如发现公兔嘴里有叼下的毛时，应立即用手撕下来。要经常注意梳毛。

2. 发病后措施

灌服植物油（菜籽油、豆油）使毛球软化，肛门松弛，毛球润滑并向后部肠道移动。对于较小的毛球，可口服多酶片，每日 1 次，每次 4 片，使毛球逐渐酶解软化，然后灌服植物油使毛球下移，也可用温肥皂水灌肠，每日 3 次，每次 50～100 毫升，兴奋肠蠕动，利于毛球排出。毛球排出后，应给予易消化的饲料，口服健胃药如酵母等，促进胃肠功能恢复。

十八、消化不良

消化不良亦称胃肠卡他，即卡他性胃肠炎，是胃肠黏膜表层炎症和消化紊乱的总称。按疾病经过，分为急性消化不良和慢性消化不良。

【病因】主要与饮食和饲养管理不当有关。饲料品质不良，如饲草粗硬而不易消化，饲料因受潮而霉败，或块根类饲料受霜冻以及饲料内混杂有泥沙等；饲养管理不当，如饮喂失时，家兔过饱或过饥，久饥久渴而暴食暴饮，饲料种类、日粮的组成突然改变等；服用或误食某些药物和化学物质（重金属、杀草剂等），也是消化不良的常见诱因；口腔及牙齿疾病、肠道寄生虫病，也可继发消化不良；母兔缺乳，幼兔提早采食，舍内卫生不好，过冷过热，都会引起幼兔发生此病。

【临床症状】急性消化不良，主要表现为精神沉郁，食欲减退或废绝，排稀软便、粥样便或水样便，并混有多量的黏液，个别的混有血液或灰白色纤维素膜，有难闻的臭味。慢性消化不良，兔食欲不定（时好时坏），往往出现异嗜，舔食平时不爱吃的东西，如泥沙、被毛或粪尿浸染的垫草。粪便干稀不定，便秘与腹泻交替发生。便秘时粪球干硬、变小或大小不均。病兔逐渐消瘦，出现弱乏力，不爱活动，有的出现轻度腹胀及腹痛。

【诊断】根据临床表现可以初步诊断。

【鉴别诊断】

1. 消化不良与胃肠炎的鉴别

［**相似点**］消化不良与胃肠炎均是因饲养管理不善和饲料不清洁而病。排粪软，粥样或水样，后肢粪污等症状。

［**不同点**］胃肠炎的体温升高。粪有胶冻样黏液，恶臭。容易因吸收肠道有毒分解产物而引起自体中毒。

2. 消化不良与兔球虫病的鉴别

[**相似点**] 消化不良与兔球虫病均有食欲不振，腹泻，水样，后肢粪污等症状。

[**不同点**] 兔球虫病的病原为球虫，有传染性。粪检有卵囊。

3. 消化不良与兔产气荚膜梭菌（A型）病的鉴别

[**相似点**] 消化不良与兔产气荚膜梭菌（A型）病均有精神不振，不吃，体温不高，稀粪水样，后肢粪污等症状。

[**不同点**] 产气荚膜梭菌（A型）病的病原为魏氏梭菌，有传染性。粪水污褐色或污绿色，有特殊腥臭味。多在水泻当日或次日死亡。剖检：开腹即嗅到特殊腥臭味。胃底黏膜脱落，有大小溃疡。盲肠、结肠充满气体和黑绿色稀粪。用对流免疫电泳法，可检出肠液中外毒素。

4. 消化不良与大肠杆菌病的鉴别

[**相似点**] 消化不良与大肠杆菌病均有精神不振，不吃，排粪糊状、水样，肛周、后肢粪污等症状。

[**不同点**] 大肠杆菌病的病原为大肠杆菌，有传染性，急性流涎，1～2天死亡。亚急性粪黄色、棕色，糊状或水样，或半透明胶冻样黏液，耳尖和四肢发冷。剖检可见空肠、回肠、盲肠、结肠充满胶冻样黏液。用标准血清作凝集反应，可确定血清型。

5. 消化不良与泰泽病的鉴别

[**相似点**] 消化不良与泰泽病均有精神不振，不吃，排粥样、水样粪便，后肢粪污等症状。

［**不同点**］泰泽病的病原为毛发样芽孢杆菌。急剧腹泻，粪褐色，迅速虚脱，12～48小时死亡，病死率95%。剖检可见回肠末端以及盲肠、结肠前段弥漫性出血，圆小囊和蚓突变硬，有坏死灶，盲肠黏膜粗糙。用病区病料涂片姬姆萨或镀银法染色，可证明细胞浆内存在毛发样芽孢杆菌。

6. 消化不良与仔兔轮状病毒病的鉴别

［**相似点**］消化不良与仔兔轮状病毒病均有精神不振，排粥状、水样稀粪，后肢粪污等症状。

［**不同点**］仔兔轮状病毒病的病原为轮状病毒。有传染性，粪水如蛋花汤样，有白色、棕色、灰色、浅绿色，有恶臭。以病料悬液超速离心，将其沉淀物经负染色后电镜观察，发现轮状病毒。

【防制】

1. 预防措施

经常注意观察饲料品质，一旦发现霉败变质，应立即停喂，及时更换饲料。禁喂冰冻饲料。饮喂要定时定量，防止饥饱失常。

2. 发病后措施

消化不良的治疗原则是消除病因，改善饮食，清除肠内不良内容物、制酵和调整胃肠功能。

① 消除病因。这是消化不良得以康复、不再复发的根本措施。本病是饲料品质所致，要改换为优质饲料；如是由齿牙不良所致，要及时修整牙齿；是胃肠道寄生虫所致的，要尽快彻底驱虫等。

② 改善饮食。实行减饲，并施行食饵疗法，对消化

不良的康复至关重要。在病初减食1～2天，给予柔软的易消化饲料，充分饮水。待彻底康复后，再逐渐转为正常的饲料量。切忌采食过量，以增加胃肠负担，反而使病情加重。

③ 清肠制酵。是指清理胃肠内容物，制止腐败发酵过程，具有轻胃肠负荷和刺激的作用。取硫酸钠或人工盐2～3克，加水140～50毫升，内服。对于伴有腹胀（气胀）的病例，在缓泻剂内加适当的制酵剂，如克辽林1～2毫升。

④ 调整胃肠功能。可服用各种健胃剂，加大蒜酊、苦味酊、陈皮酊、龙胆酊2～4毫升。各种酊剂可单独使用，也可配伍使用，配伍使用时，剂量酌情减少，也可配合应用胃蛋白酶、酵母片、乳酸杆菌等助消化剂，以增加分泌和蠕动，效果更佳。

十九、感冒

本病是由寒冷刺激引起的，以发热和上呼吸道黏膜表层炎症为主的一种急性全身性疾病。是家兔常见的呼吸道疾病之一，若治疗不及时，容易继发支气管炎和肺炎。

【病因】主要是由于寒冷的突然侵袭而致病。如冬季兔舍防寒不良，突然遭到寒流袭击，或早春、晚秋季节，天气骤变，日间温差过大，机体不易适应而抵抗力降低，都是引起感冒的最常见因素。

【临床症状】病兔精神沉郁，不爱活动，眼呈半闭状。食欲凋退或废绝。体温升高，可达40℃以上。皮温

不均，四肢末端及耳尖发凉，出现怕寒战栗。结膜潮红，伴发结膜炎时，怕光流泪。由呼吸道炎症而致咳嗽，鼻部发痒，打喷嚏，流水样鼻液。

【诊断】 有受寒史并突然发病，结合临床症状可以初步诊断。

【鉴别诊断】

1. 感冒与肺炎的鉴别

［**相似点**］感冒与肺炎均是受寒冷侵袭发病。体温高（40～41℃），沉郁不动，减食或废食，流鼻液，打喷嚏，严重时呼吸困难。

［**不同点**］肺炎是先感冒，肺有啰音，阵发性咳嗽。

2. 感冒与兔肺炎克雷伯菌病的鉴别

［**相似点**］感冒与兔肺炎克雷伯菌病均有沉郁，减食，打喷嚏，流水样鼻液，呼吸困难等症状。

［**不同点**］兔肺炎克雷伯菌病的病原为肺炎克雷伯菌。有传染性，病兔腹泻排黑褐色糊状稀粪，幼兔剧烈腹泻，1～2 天死亡。剖检可见肠充满气体，盲肠内有黑褐色稀粪，通过细菌分离可鉴定。

3. 感冒与支气管炎的鉴别

［**相似点**］感冒与支气管炎均有体温升高（39～40℃），精神不振，减食，流鼻液，咳嗽等症状。

［**不同点**］支气管炎每天咳嗽次数及每次咳嗽声数较多，初干咳、痛咳，后湿咳，早晚及运动采食时常咳嗽，听诊有干、湿啰音。

4. 感冒与兔肺炎球菌病的鉴别

［**相似点**］感冒与兔肺炎球菌病均有沉郁，减食，体

温升高，流鼻液，咳嗽等症状。

［**不同点**］兔肺炎球菌病病原为肺炎链球菌，有传染性。鼻液黏液性脓性，幼兔发病突然死亡。剖检可见气管、支气管内有粉红色液体和纤维素渗出物。心包、肺部与胸膜有纤维素和粘连。子宫、阴道出血。病变涂片镜检，可见革兰阳性双球菌。

5. 感冒与兔链球菌病的鉴别

［**相似点**］感冒与兔链球菌病均有沉郁，不食，体温升高，咳嗽，流鼻液等症状。

［**不同点**］兔链球菌病的病原为链球菌，有传染性。症状为间歇性下痢，有中耳炎，歪头，行动滚转。有的不显症状即死亡。剖检可见皮下组织出血性浆液浸润，肠弥漫性出血，肝脏、肾脏脂肪变性。病变涂片镜检，可见革兰阳性短链状球菌。

【防制】

1. 预防措施

要保持兔舍干燥、卫生清洁、通风良好、冬暖夏凉。在气候寒冷和气温骤变的季节，要加强防寒保暖工作。兔舍要保持干爽、清洁、通风良好，保暖可靠。另外还可以通过在饲料中添加一些抗寒饲料和饲料添加剂，向动物提供热能，消除外寒、内寒引起的寒冷应激，提高动物在寒冷环境中的抗逆能力。适于寒冷季节气温变化。据冀贞阳报道，酒糟、稻谷籽实、黄豆籽实等属暖性饲料，有改善消化功能，加强血液循环，抗寒保暖的作用，适当添加可提高家兔的抗寒能力。生姜、松针和辣椒等性温味辛，属暖性饲料添加剂，有抗寒保暖，增强食欲，

防止掉膘等作用。鱼肝油、维生素 E、维生素 C 等，分别通过抗脂氧化、固定肠道有益菌提高动物免疫力，增强动物抗病力，科学添加可以减少兔感冒的发生。

2. 发病后措施

本病的治疗原则主要是解热镇痛和防止继发感染。对病兔要精心饲养，避风保暖，喂给易消化青绿饲料，充分供给清洁饮水。

① 解热镇痛。内服扑热息痛，每次 0.5 克，每日 2 次，连服 2～3 天；皮下注射或肌内注射复方氨基比林注射液，每次 1 毫升，每日 2 次，连服 2～3 天；皮下注射或肌内注射安痛定注射液，每次 0.3～0.6 毫升，每日 2 次，连服 2～3 天；内服羟基保泰松，每次每千克体重 12 毫克，每日 1 次，连服 2～3 天；症状严重的可行补液等全身疗法。

② 防止继发肺炎。可肌内注射青霉素 20 万～40 万国际单位，或链霉素 0.25～0.5 克，或病毒灵注射液 2～3 毫升，肌内注射，每日 2 次。也可应用磺胺类药物，如肌内注射磺胺二甲嘧啶，每次每千克体重 70 毫克，每日 2 次；静脉注射或肌内注射 10％增效磺胺邻二甲氧嘧啶钠注射液，每次每千克体重 0.1～0.2 毫克，每日 1 次，连续 3 天。

③ 中草药治疗

处方 1：路边菊 10 克，山芝麻 15 克，草鞋根、青蒿各 12 克。水煎灌服，每次 20 毫升，每天 2 次。路边菊清热解表，山芝麻清热解毒，草鞋根、青蒿疏风解表。加减法：热重者加穿心莲、一点红、栀子等。咳嗽加鱼腥草、牛尾菜、枇杷叶等。合并眼结膜发炎者，加犁头草、蒲公英、草鞋根等。

处方 2：土荆芥、紫苏叶、秽草各 10 克。水煎灌服，每次 15 毫升，每天 2 次。同时喂葱白、甘薯叶。土荆芥疏散风寒，紫苏叶解表发汗，秽草祛风辟秽止吐。加减法：鼻塞流清涕甚者，加葱白或辛夷花适量。怕冷甚者，加紫萍适量。食滞内停，腹脘胀满者，加胡荽、甘薯叶适量。

二十、支气管炎

支气管炎是支气管黏膜的急、慢性炎症，以咳嗽、流鼻液、胸部听诊有啰音为特征。是家兔的常见病，老龄和幼弱兔更易发生。

【病因】寒冷刺激、机械和化学因素刺激是原发性支气管炎的主要原因。寒冷刺激可降低机体的抵抗力，特别是呼吸道黏膜的防御能力，使呼吸道的常在菌（如肺炎球菌、巴氏杆菌、葡萄球菌、链球菌等）得以大量繁殖而产生致病作用，引起急性支气管炎。机械、化学因素刺激（如吸入粉碎饲料、飞扬的尘土、霉菌孢子、花粉、有毒气体或发生误咽等），均可刺激支气管黏膜引起炎症。喉、气管炎症，也经常继发支气管炎。

【临床症状】病兔精神沉郁，食欲减退，体温稍升高，全身倦怠。咳嗽，初期为干痛咳，以后随炎性渗出物的增加，变为湿长咳。由于支气管黏膜充血肿胀，加上分泌增加，致使支气管管腔变窄而出现呼吸困难。病初流浆液性鼻液，以后流黏液性或脓性鼻液，咳嗽时流出更多。胸部听诊肺泡呼吸音增强，可听到干、湿性啰音。慢性支气管炎主要是持续性咳嗽，咳嗽多发生在运动、采食或气温较低的时候（早、晚或夜间）。

【鉴别诊断】

1. 支气管炎与感冒的鉴别

［**相似点**］支气管炎与感冒均是气候骤冷易发病。体温40℃左右，精神不振，减食，流鼻液，咳嗽。

［**不同点**］感冒流水样鼻液，体温较高（40～41℃），耳尖、四肢末端发凉，咳嗽稍稀少而喷嚏多；支气管炎肺部有干、湿啰音。

2. 支气管炎与肺炎的鉴别

［**相似点**］支气管炎与肺炎均有精神不振，减食，体温高（40～41℃），流鼻液，咳嗽等症状，听诊有干、湿啰音。

［**不同点**］肺炎食欲废绝，结膜潮红或发绀，X线透视肺部，有斑片状、絮状致密影；支气管炎出现早晚咳嗽多。

【防制】

1. 预防措施

平时要加强饲养管理，喂给营养丰富、容易消化、适口性强的饲料，使家兔体质好，抗病能力强。要保证兔舍光线充足，通风良好，冬暖夏凉。

2. 发病后措施

① 抑菌消炎。可应用抗生素类药物，如肌内注射青霉素或链霉素，方法、用量同感冒；肌内注射或皮下注射北里霉素注射液，每次每千克体重5～25毫克，每日1次；或肌内注射硫酸卡那霉素注射液，每次每千克体重10～20毫克，每日2次，连用3～5天。也可应用磺胺类药物，如肌内注射10％增效磺胺嘧啶钠注射液2～4

毫升，每日1次，连用3天；或静脉（或深部肌肉）注射磺胺甲基异嘿唑注射液，每次每千克体重0.07克，每日2次。也可参照应用治疗感冒的磺胺类药物。

② 祛痰止咳。频发咳嗽而分泌物不多时，可选用镇痛止咳剂，常用的有磷酸可待因，每千克体重22毫克，内服，每日2或3次，连服2～3天；咳必清，每次10～20毫升，每日2次内服，连服3天。痰多时，可应用氯化铵，每次0.15～0.3克，每日3次内服，连服3～5天。

③ 中药治疗。银翘解毒片。每日口服3次，每次2片。

二十一、肺炎

本病是肺实质的炎症。根据受侵范围分小叶性肺炎和大叶性肺炎。小叶性肺炎又可分为卡他性肺炎和化脓性肺炎。家兔以卡他性肺炎较为多发，而且多见于幼兔。

【病因】 本病多因细菌感染所引起在家兔受寒或营养低下时，病原菌乘虚而入。常见的病原菌有肺炎双球菌、葡萄球菌、棒状化脓杆菌等。误咽或灌药时不慎使药液误入气管，可引起异物肺炎。

【临床症状】 精神不振，食欲减退或废绝。结膜潮红或发绀。呼吸增速、浅表，有不同程度的呼吸困难，严重时伸颈或头向上仰。咳嗽，鼻腔有黏液性或脓性分泌物。肺泡呼吸音增强，可听到湿性啰音。若治疗不及时，经过3～4天可因窒息死亡。剖检肺表面可见到大小不等、深褐色的斑点状肝样病变，病变部不含气体，发生

实变。

【诊断】X线透视、摄片检查，于肺部见斑点状、絮状致密影。实验室检查，白细胞总数和嗜中性白细胞增多，核型左移。

【鉴别诊断】

1. 肺炎与感冒的鉴别

［**相似点**］肺炎与感冒寒均是冷侵袭发病，沉郁，不爱动，体温高（40℃左右），减食或废食，流鼻液，打喷嚏，严重时呼吸困难。

［**不同点**］感冒一般不咳嗽，肺部听诊无啰音；肺炎食欲废绝，结膜潮红或发绀，X线透视肺部，有斑片状、絮状致密影。

2. 肺炎与支气管炎的鉴别

［**相似点**］肺炎与支气管炎均有精神不振，减食，体温高（39～40℃），流鼻液，咳嗽等症状，肺部有干、湿啰音。

［**不同点**］支气管炎饮食常不废绝，体温稍低，早晚咳嗽剧烈。肺炎食欲废绝，体温较高，无早晚咳嗽剧烈。

3. 肺炎与兔肺炎克雷伯菌病的鉴别

［**相似点**］肺炎与兔肺炎克雷伯菌病均有精神不振，不食，流鼻液，呼吸迫促，呼吸困难等症状。

［**不同点**］兔肺炎克雷伯菌病病原为克雷伯菌，有传染性，常呈地方性流行，患兔打喷嚏，腹胀，排黑色糊状粪；孕兔流产，仔兔剧烈腹泻，1～2天死亡；剖检可见气管、肺部出血，大理石样；小肠、大肠充满气体，盲肠有黑色稀粪；通过细菌分离鉴定。肺炎无传染性，

咳嗽，X 线透视肺部，有斑片状、絮状致密影。

4. 肺炎与兔弓形虫病的鉴别

［**相似点**］肺炎与兔弓形虫病均有体温高（40℃以上），呼吸浅表增数，流黏液性鼻液等症状。

［**不同点**］兔弓形虫病的病原为弓形虫，有传染性；嗜睡，不咳嗽，运动失调，后躯麻痹。急性，病程短。慢性，消瘦，贫血。粪检有卵囊；剖检可见心脏、肝脏、脾脏、肺脏及淋巴结有坏死点和出血点；间接血清凝集反应阳性。肺炎无传染性，咳嗽，X 线透视肺部，有斑片状、絮状致密影。

5. 肺炎与兔肺炎球菌病的鉴别

［**相似点**］肺炎与兔肺炎球菌病均有体温升高，减食，精神不振，流鼻液，咳嗽等症状。

［**不同点**］兔肺炎球菌病的病原为肺炎链球菌，有传染性。幼兔突然死亡。剖检可见气管、支气管黏膜出血，有粉红色液体和纤维素渗出物。肺部有脓肿、出血斑。心包与肺部和胸膜有粘连。病变涂片镜检，可见革兰阳性双球菌。

6. 肺炎与兔链球菌病的鉴别

［**相似点**］肺炎与兔链球菌病均有沉郁，不食，体温升高，流鼻液，咳嗽等症状。

［**不同点**］兔链球菌病的病原为链球菌，有传染性；间歇下痢，有的不显症状即突然死亡。有中耳炎，歪头，行动滚转。剖检可见皮下组织有出血性浆液浸润，肠黏膜弥漫性出血，肝脏脂肪变性。病料涂片镜检，可见革兰阳性短链状球菌。

【防制】

1. 预防措施

平时要加强饲养管理，饲料要营养丰富、适口性强、容易消化。兔舍要阳光充足、通风良好、冬暖夏凉，使家兔健康生长、膘肥体壮，具有较强的抗病力。

2. 发病后措施

① 加强护理。将病兔隔离在温暖、干燥与通风良好的环境中饲养，并给予营养丰富、易消化的饲料。充分保证饮水，注意防寒保暖。

② 抑菌消炎。应用抗生素和磺胺类药物。抗生素类药物可选用：青霉素每千克体重2万～4万国际单位，链霉素每千克体重10～15毫克，均为肌内注射，1日2次，两药联合应用效果更佳；或氨苄青霉素钠，每千克体重10～20毫克，肌内或静脉注射，每日2次；或头孢菌素V，每千克体重5～10毫克，均为肌内注射或静脉注射，每日2次；或白霉素注射液，每千克体重5～25毫克，肌内注射，每日2次；或环丙沙星注射液，每千克体重1毫升，肌内注射，每日2次；或土霉素或四环素，每千克体重30～50毫克，肌内注射，每日3次。应用磺胺类药物时，可参照感冒和支气管炎治疗中的磺胺药的用量与用法。或双黄连，每千克体重30～50毫克，肌内注射，每日1次静脉注射。

③ 对症治疗。病兔咳嗽、有痰液时，可祛痰止咳，方法同支气管炎；呼吸困难，分泌物阻塞支气管时，可应用支气管扩张药，如肌内注射氨茶碱，按每千克体重5毫克计算药量；为增强心脏机能，改善血液循环，可

行补液、强心措施，如静脉注射5%葡萄糖液30～50毫升，强尔心注射液，皮下注射或肌内注射；为制止渗出和促进炎性渗出物的吸收，可静脉注射10%葡萄糖酸钙注射液，每次量0.5～1.5克，每日1次。

④ 中药治疗

处方1：板蓝根、银花藤各15克，鱼腥草12克，牛尾菜根10克。水煎灌服，每次15毫升，每天2次（方解：板蓝根、银花藤清热解毒，并有抑菌作用。鱼腥草清热宣肺，化痰止咳。牛尾菜根含皂苷、蒽醌苷，有较明显的镇咳祛痰作用。加减法：咳嗽重者，加磨盘根、鹅不食草各适量）。

处方2：双花或蒲公英各1克或2克（鲜），干的0.5～1克。水煎灌服，每次10毫升，每天2次。

处方3：黄连1.5克，金银花6克，橘子皮0.3克。煎汤灌服，每次5～10毫升，每天2～3次。同时喂给马齿苋。

处方4：金银花30克，板蓝根20克。煎汁内服，每只每次服15毫升，每日3次（治疗肺炎球菌引起的肺炎，对病兔先用青霉素或新霉素按每千克体重4万～8万国际单位进行肌内注射，每日2次，再服用中药，效果良好）。

处方5：银花、连翘、竹叶各8克，豆豉、牛蒡子、荆芥、薄荷、桔梗、甘草各6克。用水200毫升煎为20%浓度的药液，加入糖适量，每只每次灌服15～20毫升，每日3次（治疗肺炎球菌引起的肺炎，对病兔先用青霉素或新霉素按每千克体重4万～8万国际单位进行肌内注射，每日2次，再服用中药，效果良好）。

二十二、肾炎

本病通常是指肾小球、肾小管和肾间质的炎性变化。

按病程分为急性肾炎和慢性肾炎。

【病因】家兔肾炎的原因一般认为与下列因素有关：一是细菌性或病毒性感染；二是临近器官的炎症蔓延（如膀胱炎、尿路感染等）；三是毒物中毒（如松节油、砷、汞等）；四是环境潮湿、寒冷、温差过大等；五是过敏性反应。

【临床症状】急性炎症时，病兔表现精神沉郁，体温升高，食欲减退或废绝。常蹲伏，不愿活动，强行运动时，跳跃小心，背腰活动受限。压迫肾区时，表现不安，躲避或抗拒检查。排尿次数增加，每次排尿量减少，甚至无尿。病情严重的可呈现尿毒症症状，体质衰弱无力，全身呈阵发性痉挛，呼吸困难，甚至出现昏迷状态。慢性肾炎多由急性转化而来。病兔全身症状不明显，主要表现排尿量减少，体重逐渐下降，眼睑、胸腹或四肢末端出现水肿。

【诊断】根据临床症状和实验室检查（尿中蛋白含量增加，尿沉渣检查可发现红、白细胞，肾上皮细胞和各种管型）可以确诊。

【鉴别诊断】

1. 肾炎与兔脑原虫病的鉴别

［**相似点**］肾炎与兔脑原虫病均有颤抖，昏迷，蛋白尿等肾炎症状。

［**不同点**］兔脑原虫病的病原为兔脑原虫，还有脑炎症状（惊厥、斜颈、麻痹），剖检有非化脓性脑炎症状。

2. 肾炎与棉籽饼中毒的鉴别

［**相似点**］肾炎与棉籽饼中毒均有尿频，尿含血，排

尿时带痛等症状。

［**不同点**］棉籽饼中毒是因吃棉籽饼而病，症状为下痢，粪中含有黏液和血液。

【防制】

1. 预防措施

减少不良刺激因素，防止中毒。

2. 发病后措施

① 保持病兔安静，并置于温暖干燥的房舍内，给予营养丰富、易消化的饲草料，适当限制食盐的用量。

② 消除炎症。选用抗生素类药物（最好不用磺胺类药物），如青霉素G钾（钠），每千克体重2万～4万国际单位，肌内注射，每日2次；硫酸链霉素，卡那霉素，每千克体重10～20毫克，肌内注射，每日2次；环丙沙星注射液，每千克体重1毫升，肌内注射，每日2次。以上各药均可连用5～7天。

③ 脱敏。可应用皮质类甾醇，此类药物不仅影响免疫过程的早期反应，而且具有一定的抗炎作用。强的松，每千克体重2毫克，静脉注射，或地塞米松注射液，每次0.125～0.50毫克，肌内注射或静脉注射，每日1次。

④ 对症治疗。为消除水肿，可用利尿药，如速尿，每千克体重2～4毫克，内服或肌内注射；有尿毒症状时，可静脉注射5%碳酸钠注射液5～10毫升；尿血严重的，可应用止血药，如安络血注射液，每次1～2毫升，肌内注射，1日2次或3次。

二十三、兔眼结膜炎

【病因】眼结膜炎为眼睑结膜、眼球结膜的炎症，是眼病中多发的疾病。其原因是多方面的，主要是机械性原因，如沙尘、草屑、草籽、被毛等异物落入眼内；眼睑内翻、外翻及倒睫，眼部外伤，寄生虫的寄生等。物理性、化学性原因，如烟、氨、石灰等的刺激，化学消毒剂及分解变质眼药的刺激，强日光直射，红外线的刺激，以及高温作用等。也可以是细菌感染引起，或并发于某些传染病和内科病（如传染性鼻炎、维生素 A 缺乏症等），继发于邻近器官或组织的炎症。

【临床症状】

1. 黏液性结膜炎

一般症状较轻，为结膜表层的炎症。初期，结膜轻度潮红、肿胀，分泌物为浆液性且量少，随着病程的发展，分泌物变为黏液性，流出的量也增多，眼睑闭合。下眼睑及两颊皮肤由于泪水及分泌物的长期刺激而发炎，绒毛脱落，有痒感。如治疗不及时，会发展为化脓性结膜炎。

2. 化脓性结膜炎

一般为细菌感染所致。症状重剧，肿胀明显，疼痛剧烈，睑裂变小，从眼内流出或在结膜囊内积聚多量黄白脓性分泌物，病程久者脓汁浓稠，上下眼睑充血、肿胀，常粘着在一起。炎症常侵害角膜，引起角膜混浊、溃疡，甚至穿孔而继发全眼球炎症，可造成家兔失明。

【诊断】根据症状可以确诊。

【鉴别诊断】

1. 兔眼结膜炎与兔大肠杆菌性眼球炎的鉴别

［**相似点**］兔眼结膜炎与兔大肠杆菌性眼球炎均有眼结膜红肿，眼睑闭合，角膜混浊等症状。

［**不同点**］兔大肠杆菌性眼球炎的病原为大肠杆菌，有传染性。病兔眼球肿大、凸出眼眶，眼前房贮脓。剖检可见有大肠杆菌病病变，病料涂片镜检，可见革兰阴性两极钝圆的小杆菌。

2. 兔眼结膜炎与兔黏液瘤病的鉴别

［**相似点**］兔眼结膜炎与兔黏液瘤病均有眼睑肿胀，结膜炎，流黏性分泌物，眼睑密闭等症状。

［**不同点**］兔黏液瘤病的病原为黏液瘤病毒，有传染性。伴发鼻、颌下、肛门、外生殖器皮肤与黏膜交界处发生内容物胶冻样黏液肿胀。最急性，体温高达 42℃。病变组织触片或切片，姬姆萨染色镜检，可见紫色的细胞浆包涵体。

3. 兔眼结膜炎与兔痘的鉴别

［**相似点**］兔眼结膜炎与兔痘均有眼睑炎，化脓性眼炎，溃疡性角膜炎，羞明，流泪等症状。

［**不同点**］兔痘的病原为痘病毒，有传染性。皮肤有中央凹陷坏死的丘疹，邻近组织水肿，体温高（41℃），有时腹泻，流产。

4. 兔眼结膜炎与兔葡萄球菌病的鉴别

［**相似点**］兔眼结膜炎与兔葡萄球菌病均有眼结膜炎。

［**不同点**］兔葡萄球菌病的病原为葡萄球菌，有传染

性。多因发生鼻炎，流黏液性、脓性鼻液，爪抓鼻而继发结膜炎。

5. 兔眼结膜炎与兔巴氏杆菌病的鉴别

［**相似点**］兔眼结膜炎与兔巴氏杆菌病均有眼结膜炎，角膜炎。

［**不同点**］兔巴氏杆菌病的病原为巴氏杆菌，有传染性。亚急性和慢性，有黏液性化脓性鼻炎，关节炎，肺炎。病料涂片美蓝染色镜检，可见两极染色卵圆形小杆菌。

【防制】

1. 预防措施

保持兔笼兔舍的清洁卫生，防止沙尘等异物落入眼内或防止发生眼部外伤；夏季避免强日光的直射；用化学消毒剂消毒时，要注意合理配制消毒剂的浓度及消毒时间；经常喂给富含维生素 A 的饲料，如胡萝卜、南瓜、黄玉米、青干草等。

2. 发病后措施

① 消除病因，清洗患眼。用刺激性小的微温药液，如 2%～3%硼酸液、生理盐水、0.1%新洁尔灭液等，清洗患眼。清洗时水流要缓慢，不可强力冲洗，也可用棉球蘸药来回轻轻涂擦，以免损伤结膜及角膜。

② 消炎、镇痛。清除异物后，可用抗菌消炎药液滴眼或涂敷，如 1%甲枫霉素眼药水、眼膏，0.6%黄连素眼药水，0.5%金霉素眼膏，四环素可的松眼膏，0.5%醋酸氢化可的松眼药水等。疼痛剧烈的，可用 1%～3%普鲁卡因青霉素液滴眼。分泌物多时，选用 0.25%硫酸

锌眼药水。对角膜混浊者，可涂敷1%黄氧化汞软膏；或将甘汞和葡萄糖粉等量混匀吹入眼内；或用新鲜鸡蛋清2毫升，皮下注射，每日1次。重症者可应用抗生素或磺胺疗法。

在进行上述治疗的同时，配合中药治疗，效果较好，可用蒲公英32克，水煎，第1次煎内服，二煎洗眼。或用紫花地丁、鸭跖草，水煎内服，以利清热祛风，平肝明目。

二十四、中耳炎

中耳炎是指鼓室及耳管发生炎症。

【病因】外耳道炎症，耳膜穿孔；继发于感冒、传染性鼻炎、化脓性结膜炎等。

【临床症状】

1. 单侧性

颈斜向病侧，耳朝下。有时出现回转，滚转运动，故又称斜颈病。

2. 双侧性

低头伸颈。

3. 化脓性

体温高，精神不振，减食或绝食，听觉迟钝，鼓膜穿孔时，脓向外耳流，如引起化脓性脑炎时多死亡。

【鉴别诊断】

1. 中耳炎与痒螨的鉴别

［**相似点**］中耳炎与痒螨均有耳下垂、外耳道可能有污垢。

［**不同点**］痒螨的病原为痒螨。寄生于外耳道，有大量痂皮积于外听道，痂皮中可见到螨虫。

2. 中耳炎与兔巴氏杆菌病（中耳炎）的鉴别

［**相似点**］头颈歪斜，如鼓膜破裂，有分泌物流至外耳道。

［**不同点**］兔巴氏杆菌病的病原为巴氏杆菌，有传染性。多在慢性时发生，同时皮下、胸前、胸壁、乳腺淋巴结肿胀。心血、肝脏、脾脏涂片美蓝染色镜检，可见两极着色的卵圆小杆菌。

【防制】对外耳道炎、流感、传染性鼻炎、结膜炎等疾病，应认真治疗，以免发生内耳炎。对病兔药物治疗(如已引起脑炎，应予淘汰)。

0.1%雷佛奴耳液，或0.1%新洁尔灭液，或3%双氧水，用棉签蘸后洗拭耳道，而后再滴入氟苯尼考或庆大霉素1滴。隔天1次。青霉素、链霉素肌注，12小时1次，连用3～5天。

二十五、中暑

中暑又称日射病、热射病（重症表现）或热应激症轻症表现。是因烈日暴晒，潮湿闷热，体热散发困难所引起的一种急性病。临床上以体温升高、循环衰竭和发生一定的神经症状为特征。各种年龄家兔都能发病，但以成年兔、怀孕兔和毛用兔多发。

【病因】兔易发生中暑是由于兔的生理特点所决定的。兔的体温调节不如其他动物健全，对高温的耐受能力较差。兔中暑的主要原因：一是天气闷热，兔舍潮湿而通风不良，兔笼内装兔过多，是发生本病的重要原因；二是盛夏炎热天气进行长途车船运输，车载过于拥挤，中途又缺乏饮水，也易发生本病；三是在露天兔场，遮光设备不完善，长时间受烈日暴晒，易发生中暑。

【临床症状】 病初精神不振，全身无力，食欲废绝，体温显著升高，可达42℃以上。皮温升高，触摸体表有烫手感。可视黏膜潮红，发绀，心搏动增强、急速。呼吸困难、增数、浅表，呼出气灼热。病情进一步发展，出现神经症状，开始呈现出短时间的兴奋，随即转入沉郁，昏迷，倒地不起，四肢抽搐，意识丧失，口吐白沫或粉红色泡沫，最后多因窒息或心脏麻痹而死。

热应激则表现为多方面的机能下降。一般表现为食欲下降，据报道，家兔在32.2℃时的采食量比23℃时下降25.8%，生产性能降低，如肉兔的增重缓慢、毛用兔产毛下降。家兔在32.2℃下的体增重比23℃时降低49.8%，这是由于采食量下降，兔的营养不足而造成的。繁殖性能下降，由于高温能抑制下丘脑促性腺激素释放的合成与分泌，对睾丸机能产生不利影响，热应激致公兔睾丸萎缩，性欲低下，精子活力下降。热应激使母兔雌激素分泌减少，发情不规律，影响性功能，降低受胎率。

【诊断】 有过热或暴晒史，结合临床症状可以诊断。

【鉴别诊断】

1. 中暑与妊娠毒血症的鉴别

［**相似点**］中暑与妊娠毒血症均有沉郁，呼吸困难，行走不稳，昏迷等症状。

［**不同点**］妊娠毒血症的孕兔后期，因饲料中碳水化合物不足而发病。呼出气有酮味。不因高温闷热发病。

2. 中暑与氰化物中毒的鉴别

［**相似点**］中暑与氰化物中毒均有流涎，呼吸浅表，行走不稳等症状。

［**不同点**］氰化物中毒是因吃高粱、玉米的幼苗或再生苗而病。病兔可视黏膜鲜红，瞳孔散大。剖检：血液鲜红。

3. 中暑与应激综合征的鉴别

［**相似点**］中暑与应激综合征均有心跳、呼吸增数，黏膜发绀，四肢痉挛而死亡等症状。

［**不同点**］应激综合征在特殊情况下（运输、惊吓）发病，角弓反张，粪尿失禁或突发死亡。

【防制】

1. 预防措施

在炎热季节，兔舍通风要良好，保持空气新鲜、凉快。温度过高时可用喷洒水的方法降温。兔笼要宽敞，防止家兔过于拥挤。露天兔场，要设凉棚，避免日光直射，并保证有充足的饮水。长途运输最好在凉爽天气进行，否则车船内要保持一定的温度和充足的饮水，装运家兔的密度不宜过大。

2. 发病后措施

立即将病兔置于阴凉通风处。为促进体热散发，可用毛巾或布浸冷水放在病兔头部或躯体部，每 3～5 分钟更换 1 次，或用冷水灌肠。为降低颅内压和缓解肺水肿，初可实施静脉少量放血，或静脉注射 20％甘露醇注射液

10～30毫升，或静脉注射25%山梨醇注射液10～30毫升。体温下降至正常、症状缓解时，可行补液和强心，以维护全身机能。也可用中草药治疗。

处方1：藿香水灌服，大兔5毫升，小兔2毫升，每日2次，1～2天可愈。

处方2：绿豆煮汤。用法：绿豆煮汤喂兔，每次10毫升，每天3次。

处方3：金鸡草、积雪草、金银花各10～15克。煎水喂服。病兔昏倒时，可用大蒜汁、韭菜汁或生姜汁滴鼻，效果迅速显著。

二十六、外伤

【病因】各种机械性的外力作用均可造成外伤。如笼舍的铁皮、铁钉、铁丝断头等锐利物的刺（划）伤；互相咬斗及其他动物的咬伤；剪毛时的误伤等。

【临床症状】

外伤可分为新鲜创和化脓创。

1. 新鲜创

可见出血、疼痛和创口裂开。如伤及四肢，可发生跛行。重剧者，可出现不同程度的全身症状。咬伤可造成遍体鳞伤。

2. 化脓创

患部疼痛、肿胀，局部增温，创口流脓或形成脓痂。有时会出现体温升高、精神沉郁、食欲减退等症状。化脓性炎症消退后，创内出现肉芽，变为肉芽创。良好肉芽为红色，表面平整，颗粒均匀，较坚实，并附有少量

黏稠的灰白色脓性分泌物。

【诊断】外伤可根据典型的症状很容易做出诊断。

【防制】

1. 预防措施

消除笼舍内的尖锐物，笼内养兔不能过密，同性别成年兔分开饲养，防止猫、狗等进入兔舍，小心剪毛。

2. 发病后措施

轻伤，局部剪毛涂擦碘酊即可痊愈。对新鲜创，首先是止血，除用压迫、钳夹、结扎等方法外，可局部应用止血粉，必要时全身应用止血剂，如安络血、维生素K、氯化钙等。清创，先用消毒纱布盖住伤口，剪除周围被毛，用生理盐水或0.1%新洁尔灭洗净创围，用2%碘酊消毒创围。除去纱布，仔细清除创内异物和脱落组织，反复用生理盐水洗涤创内，并用纱布吸干，撒布磺胺粉或青霉素粉，之后包扎或缝合。创缘整齐，创面清洁，外科处理较彻底时，可行密闭缝合；有感染危险时，行部分缝合。

伤口小而深或污染严重时，及时注射破伤风抗毒素。对化脓创，清洁创围后，用高锰钾液、3%双氧水或0.1%新洁尔灭液等冲洗创面，除去深部异物和坏死组织，排出脓汁，创内涂抹魏氏流膏、松碘流膏等。

对肉芽创，清理创围，用生理盐水轻轻清洗创面后，涂抹刺激性小、能促进肉芽及上皮生长的药物，如松碘流膏、大黄软膏、3%龙胆紫等。肉芽赘生时，可切除或用硫酸铜腐蚀消除。

二十七、脓肿

任何组织或器官，因化脓性炎症形成局限性脓汁积聚，并被脓肿膜包裹，称为脓肿。

【病因】多数脓肿是经小伤口感染病菌而引起的，注射治疗时消毒不严也可引起脓肿，也有经血液和淋巴液转移而形成脓肿的。皮下或肌内注射各种强刺激剂时，可发生非生物性脓肿。另外，当机体缺乏维生素 B_2 和维生素 B_{12} 时，机体对化脓菌的抵抗力降低，是本病的诱因。

【临床症状】脓肿有急性脓肿和慢性脓肿、浅在性脓肿和深在性脓肿之分。

1. 急性浅在性脓肿

局部增温、疼痛和肿胀。肿胀中央逐渐软化而有波动感，并有自溃倾向，皮肤变薄，被毛脱落，继之皮肤破溃，向外排脓。

2. 急性深在性脓肿

初期炎症表现不明显，注意观察可发现患部皮肤和皮下组织轻微炎性水肿，触诊疼痛，常有指压痕，有时活动不自如。脓肿成熟后，波动感也不明显，深部穿刺见到脓汁方可确诊。

3. 慢性脓肿

发生发展缓慢，局部炎症反应轻微或无反应。有的脓肿膜很薄，外表好似囊肿，有波动感；有的脓肿壁增生大量的纤维性结缔组织，外表好似纤维瘤；有的脓汁逐渐浓缩甚至钙化。

【诊断】

根据症状和脓汁可做出诊断。鉴别诊断应与血肿相区别，血肿发生较脓肿迅速，穿刺可见血液。

【鉴别诊断】

1. 脓肿与血肿的鉴别

［**相似点**］脓肿与血肿皮肤均有肿胀，触诊有波动。

［**不同点**］血肿多因外力击撞而引起。针刺流血液。

2. 脓肿与兔葡萄球菌病的鉴别

［**相似点**］脓肿与兔葡萄球菌病均有皮肤肿胀，初硬后有波动，针穿刺流脓等症状。

［**不同点**］兔葡萄球菌病的病原为葡萄球菌，有传染性。皮肤常有大小不等（豌豆至鸡蛋大）的脓肿，破溃经久不愈。常并发生殖器炎、脚皮炎、乳房类。有乳腺炎的母兔哺乳仔兔常引起“黄尿病”（急性肠炎）。

3. 脓肿与野兔热的鉴别

［**相似点**］脓肿与野兔热体表有肿胀、化脓。

［**不同点**］野兔热的病原为土拉杆菌，有传染性。主要是体表有淋巴结（颌下、颈下、腋下、腹股沟），运动失调，腹泻，体温升高。剖检可见脾脏肿大，有针尖大白色病灶。采血清与土拉伦斯抗原作凝集反应阳性。

4. 脓肿与兔黏液瘤病的鉴别

［**相似点**］脓肿与兔黏液瘤病均在颌下等处发生肿胀。

［**不同点**］兔黏液瘤病的病原为黏液瘤病病毒，有传染性。体温高（42℃），眼睑、耳、鼻等处也发生肿胀，内容物为黏液。

【防制】

1. 预防措施

该病应消除引起外伤的原因并加强饲养管理，补充富含维生素和蛋白质的饲料。

2. 发病后措施

初期脓肿尚未成熟时，连续应用足量抗生素或磺胺类药物；患部剪毛消毒后，涂醋调的复方醋酸铅散、雄黄散等，以促进炎症消散。当局部出现明显的波动感，脓肿已成熟时，应即时进行手术治疗。具体方法：一是脓汁抽出法，指局部剪毛消毒后，用注射器抽出脓汁，然后用生理盐水反复注入，冲洗脓腔，再抽净腔中液体，最后灌注青霉素溶液，本法适用于关节部脓肿膜形成良好的小脓肿；二是脓肿切开法，适用于较大脓肿，首先局部剃毛，用碘酊消毒，在最软化部位切开，同时应尽量在波动区最下部切开，但不应超过脓肿壁，切开后任脓汁自行流出，不许压挤或擦拭脓肿腔，然后用消毒剂冲洗，除去脓汁及异物等，必要时引流，扩大切口或做相对口。

处方 1：鲜马齿苋、鲜蒲公英各等量。捣烂贴于患部。治脓肿初期硬热疼痛。

处方 2：蓖麻子仁 3 份，苦杏仁 5 份，松香 20 份。共捣碎烂，加菜油 50 份熬成糊状，候凉。涂于患部，1 日 2 次。治小疖肿初期坚硬疼痛。

处方 3：蒲公英 2 份，瓜蒌根 3 份，甘草 1 份。煎汁适量，每日内服 1 剂，1 剂为 3～5 克。药渣加醋捣烂外敷。治脓肿初起肿疼。

附　录

一、兔的几种生理常数

见附表 1-1。

附表 1-1　兔的几种生理常数

体温/℃	脉数/(次/分钟)	呼吸/(次/分钟)	血红蛋白/(克/每百毫升)	红细胞数/(百万个/每立方毫米)	白细胞分类平均值/%[白细胞数为9.0(6.0～13.0)百万个/每立方毫米]				
					淋巴细胞	单核细胞	嗜碱	嗜酸	中性
39.0(38.5～39.5)	205(123～304)	51(38～74)	110.4～156	5.7(4.5～7.0)	39(30～52)	8(4.0～12.0)	5.0(2.0～7.0)	2.0(0.5～3.5)	46(36～52)

二、兔病鉴别诊断

见附表 2-1。

附表 2-1　兔病鉴别诊断表

病名	流行特点	鼻分泌物	流泪	流涎	呼吸困难	粪便异常	流产	脱毛	不孕	急性死亡	特征症状	特征病变
兔巴氏杆菌病	无季节性	√	√			√		√	√	√	眼睑肿胀、鼻炎、皮下脓肿、乳腺炎、肺炎	肝有坏死点，脾脏大、出血

续表

病名	流行特点	鼻分泌物	流泪	流涎	呼吸困难	粪便异常	流产	脱毛	不孕	急性死亡	特征症状	特征病变
波氏杆菌病	春秋	√									鼻炎、鼻中隔萎缩	肺炎
葡萄球菌病	外伤感染	√				√		√			鼻炎、皮下脓肿、乳腺炎、脚皮炎	肠黏膜黏液性出血、肺炎
沙门菌	幼兔和怀孕母兔发病率高	√				√	√		√	√	下痢、流产、子宫内膜炎、阴道炎	肠黏膜充血、出血，肝有坏死点，胸腹腔渗出，肠系膜淋巴结肿大
李氏杆菌病	突然死亡	√				√	√		√		眼结膜炎、子宫内膜炎、阴道排红色分泌物，流产	肝变性有坏死点，肠系膜淋巴结肿大，水肿
兔痘	传播快	√	√		√		√				皮肤、口、生殖器官有丘疹，角膜炎	肝有坏死灶、脾有坏死区，肺有斑疹
兔病毒性出血	污染或引进新兔时时暴发，青壮年兔多发	√	√		√				√		突然死亡，鼻流血或泡沫	喉气管黏膜、心外膜出血，肺肾肿大出血，肝脾肿大瘀血，肠黏膜充血出血，淋巴结硬肿
铜绿假单胞菌病	机遇性感染，如外伤	√	√		√	√					突然发病，鼻眼流分泌物，结膜炎，皮肤脓肿有特殊气味	心包、胸、腹腔有血样液体
类鼻疽	条件性致病菌	√	√		√		√				结膜炎、鼻黏膜充血有结节，子宫内膜炎、睾丸坏死	胸、腹浆膜点状坏死灶、肺有结节，颈淋巴结肿大坏死

续表

病名	流行特点	鼻分泌物	流泪	流涎	呼吸困难	粪便异常	流产	脱毛	不孕	急性死亡	特征症状	特征病变
水疱性口炎	1～3月龄幼兔，有一定季节性			√							口、唇、舌水疱，大量流涎	
坏死杆菌病	外伤感染	×		√							口、唇、皮下坏死，恶臭	肝脾肺有坏死点、脓肿，淋巴结肿大坏死，心包炎
兔黏液瘤	直接接触或节肢动物		√		√					√	头部水肿、皮下肿瘤、水肿，鼻炎	脏器灶性出血，肠黏膜出血，心外膜有出血点
兔伪结核病	条件性致病菌				√						逐渐消瘦，病程长	回盲部圆小囊肿大变硬，浆膜有结节，肠系膜淋巴结肿大，有灰色结节
产生荚膜梭菌（A型）病	条件剧变					√				√	急剧下痢、水泻、便血、腥臭	胃溃疡、肠黏膜弥漫性出血
兔大肠杆菌	仔兔暴发，高死亡					√				√	水样或胶冻样腹泻、脱水	肠黏膜、浆膜充血或有出血点，肝变性有坏死点
泰泽病	6～12周龄，应激					√				√	严重水泻、脱水，迅速死亡	回肠、结肠黏膜出血、浆膜出血、肝变形有坏死点

续表

病名	流行特点	鼻分泌物	流泪	流涎	呼吸困难	粪便异常	流产	脱毛	不孕	急性死亡	特征症状	特征病变
兔链球菌病	春秋多发					√					体温高，绝食、沉郁、呼吸困难，间歇性下痢	皮下出血性浸润、出血性肠炎，肝肾脂肪变性
兔轮状病毒病	30～60日龄仔兔					√					灰白或血痢，腥臭	小肠、结肠黏膜有出血斑
螨病	冬季					√		√			脱毛、皮屑、血瘢	
布氏杆菌病	易胎性感染						√		√		流产、子宫炎，阴道流出大量分泌物，睾丸肿胀	肝、脾、肺有坏死灶，脓肿，腋淋巴结肿大

注："√"表示有这一症状。

三、肉兔饲养允许使用的抗菌药、抗寄生虫药及使用规定

见附表3-1。

附表3-1　肉兔饲养允许使用的抗菌药、抗寄生虫药及使用规定

药品名称	作用与用途	用法与用量（用量以有效成分计）	休药期/天
注射用氨苄西林钠	抗生素类药，用于治疗青霉素敏感的革兰阳性菌和革兰阴性菌感染	皮下注射，25毫克/千克体重，2次/天	不少于14
注射用盐酸土霉素	抗生素类药，用于革兰阳性、阴性细菌和支原体感染	肌内注射，50毫克/千克体重，2次/天	不少于14
注射用硫酸链霉素	抗生素类药，用于革兰阴性细菌和结核杆菌感染	肌内注射，15毫克/千克体重，1次/天	不少于14

续表

药品名称	作用与用途	用法与用量（用量以有效成分计）	休药期/天
硫酸庆大霉素注射液	抗生素类药，用于革兰阳性、阴性细菌感染	肌内注射，4毫克/千克体重，1次/天	不少于14
硫酸新霉素可溶性粉	抗生素类药，用于革兰阴性菌所致的胃肠道感染	饮水，200～800毫克/升	不少于14
注射用硫酸庆大霉素	抗生素类药，用于败血症和泌尿道、呼吸道感染	肌内注射，一次量15毫克/千克体重，2次/天	不少于14
注射用硫酸卡那霉素	抗生素类药。用于败血症和泌尿道、呼吸道感染	肌内注射，一次量，15毫升/千克体重，2次/d	不少于14
恩诺沙星注射液	抗菌药，用于防治兔的细菌性疾病	肌内注射，一次量2.5毫克/千克体重，1～2次/天，连用2～3天	不少于14
替米考星注射液	抗菌药，用于兔呼吸道疾病	皮下注射，一次量10毫克/千克体重	不少于14
黄霉素预混剂	抗生素类药，用于促进兔生长	混饲，2～4克/吨饲料	0
盐酸氯苯胍片	抗寄生虫药，用于预防兔球虫病	内服，一次量，10～15毫克/千克	7
盐酸氯苯胍预混剂	抗寄生虫药，用于预防兔球虫病	混饲，100～250克/吨饲料	7
拉沙洛西钠预混剂	抗生素类药，用于预防兔球虫病	混饲，113克/吨饲料	不少于14天
伊维菌素注射液	抗生素类药，对线虫、昆虫和螨均有驱杀作用，用于治疗兔胃肠道各种寄生虫病和兔螨病	皮下注射，200～400毫克/千克体重	28
地克珠利预混剂	抗寄生虫药，用于预防兔球虫病	混饲，2～5毫克/吨饲料	不少于14天

注：引自无公害食品·肉兔饲养兽药使用准则(NY 5130—2002)。

参考文献

［1］谷子林，薛家宾．现代养兔实用百科全书［M］．北京：中国农业出版社，2006.

［2］董彝．实用兔病临床类症鉴别诊断［M］．北京：中国农业出版社，2008.

［3］魏刚才．规模化兔场兽医手册［M］．北京：化学工业出版社，2014.

［4］鲍国连．兔病鉴别诊断与防治［M］．北京：金盾出版社，2009.

［5］魏刚才，安志兴．土法良方治兔病［M］．北京：化学工业出版社，2011.

［6］金笑梅．兽医手册（修订版）［M］．上海：上海科技出版社，2010.

［7］任锋．规模兔场的管理和防疫．四川畜牧兽医，2009，2：38－39.

［8］赵兴绪等．畜禽疾病处方指南：第二版［M］．北京：金盾出版社，2011.